燃气经营企业从业人员专业培训教材

燃气输配场站运行工

燃气经营企业从业人员专业培训教材编审委员会　组织编写

何卜思　主编

中国建筑工业出版社

图书在版编目（CIP）数据

燃气输配场站运行工/燃气经营企业从业人员专业培训教材编审委员会组织编写；何卜思主编. —北京：中国建筑工业出版社，2017.7（2022.7重印）
燃气经营企业从业人员专业培训教材
ISBN 978-7-112-20963-7

Ⅰ.①燃… Ⅱ.①燃…②何… Ⅲ.①燃气输配一配气站一技术培训一教材 Ⅳ.①TU996.6

中国版本图书馆CIP数据核字(2017)第153001号

本书是根据《燃气经营企业从业人员专业培训考核大纲》（建办城函［2015］225号）编写的，是《燃气经营企业从业人员专业培训教材》之一。全书共分5章，分别是：天然气及输配场站基础知识，燃气输配场站的典型工艺及设备，燃气输配场站主要设备设施操作、维护、检修规程，燃气输配场站日常管理，燃气输配场站安全管理。

本书可供燃气经营企业从业人员学习和培训使用。

责任编辑：朱首明　李　明　李　阳　李　慧
责任校对：李欣慰　党　蕾

燃气经营企业从业人员专业培训教材
燃气输配场站运行工
燃气经营企业从业人员专业培训教材编审委员会　组织编写
何卜思　主编
*
中国建筑工业出版社出版、发行(北京海淀三里河路9号)
各地新华书店、建筑书店经销
北京建筑工业印刷厂制版
北京凌奇印刷有限责任公司印刷
*
开本：787×1092毫米　1/16　印张：13¼　字数：324千字
2017年8月第一版　2022年7月第四次印刷
定价：38.00元
ISBN 978-7-112-20963-7
(30601)

燃气经营企业从业人员专业培训教材
编 审 委 员 会

出版说明

为了加强燃气企业管理，保障燃气供应，促进燃气行业健康发展，维护燃气经营者和燃气用户的合法权益，保障公民生命、财产安全和公共安全，国务院第129次常务会议于2010年10月19日通过了《城镇燃气管理条例》（国务院令第583号公布），并自2011年3月1日起实施。

住房和城乡建设部依据《城镇燃气管理条例》，制定了《燃气经营企业从业人员专业培训考核管理办法》（建城［2014］167号），并结合国家相关法律法规、标准规范等有关规定编制了《燃气经营企业从业人员专业培训考核大纲》（建办城函［2015］225号）。

为落实考核管理办法，规范燃气经营企业从业人员岗位培训工作，我们依据考核大纲，组织行业专家编写了《燃气经营企业从业人员专业培训教材》。

本套教材培训对象包括燃气经营企业的企业主要负责人、安全生产管理人员以及运行、维护和抢修人员，教材内容涵盖考核大纲要求的考核要点，主要内容包括法律法规及标准规范、燃气经营企业管理、通用知识和燃气专业知识等四个主要部分。本套教材共9册，分别是：《城镇燃气法律法规与经营企业管理》、《城镇燃气通用与专业知识》、《燃气输配场站运行工》、《液化石油气库站运行工》、《压缩天然气场站运行工》、《液化天然气储运工》、《汽车加气站操作工》、《燃气管网运行工》、《燃气用户安装检修工》。本套教材严格按照考核大纲编写，符合促进燃气经营企业从业人员学习和能力的提高要求。

限于编者水平，我们的编写工作中难免存在不足，恳请使用本套教材的培训机构、教师和广大学员多提宝贵意见，以便进一步的修正，使其不断完善。

燃气经营企业从业人员专业培训教材编审委员会

前　言

天然气作为重要的化工原料和清洁能源，以其优质、高效，低污染、低排放等优点，已被广泛应用于工业生产、工艺加工等领域。同时，也大量供给居民作为生活燃料，给千万个家庭带来了生活上的便捷。由于天然气具有易燃易爆的特性，在开采、输配过程中，与空气混合点燃可能会发生爆炸，对生态环境及人民生命财产造成不良影响和重大损失。因此，做好输配过程中安全工作十分重要。

天然气输配是一项专业性强、技术要求高的工作。由于输配场站大小与规模不一，工艺操作，机电、仪器、消防等专业工种配置情况也不尽相同，要求从业人员不但要熟悉天然气的基本知识，还要掌握输配场站的相关技能和管理知识，具有相应的从业资格等。

本书从天然气输配场站生产运营、安全管理、科学维保、合理检修等方面编写，按照输配场站从业人员的工作性质和《燃气经营企业从业人员专业培训考核大纲》要求，讲述了从业人员应掌握的相关知识。本书用直观文字图表，进行归类，将实践经验理论化，力求内容简明扼要，便于理解掌握。本书内容具有可操作性和适用性，希望对输配场站安、稳、长、满、优运营可起到一定的指导作用。

本书由宁夏清洁能源发展有限公司厂长兼总工何卜思担任主编，负责统稿工作。宁夏石化公司总调度长张俊担任副主编，宁夏石化公司韩杰、刘金武、杨赛红、雷明、范小玉、侯军、于春海、倪艳丽、解凤英、刘爱红和长庆油田公司采气一厂刘建宝参与本书的编写工作。本书由新奥能源控股有限公司王丽山、梁谕担任主审，提出了很多宝贵意见，在此表示感谢。

本书可供燃气输配场站从业人员及相关专业人员学习和培训使用。由于编者水平有限，书中难免存在缺点和错误，请广大读者及同行批评指正。

目　录

1　天然气及输配场站基础知识

近年来我国能源工作的指导思想是：围绕确保国家能源战略安全、转变能源消费方式、优化能源布局结构、创新能源体制机制等四项基本任务，着力转方式、调结构、促改革、强监管、保供给、惠民生，以改革红利激发市场动力活力，打造中国能源“升级版”，为经济社会发展提供坚实的能源保障。同时我国许多大城市由于受环境污染的影响，全面推进清洁能源计划部署，“煤改气，油改气”在工业、农业及居民将逐渐落实到位。

1.1　天然气基础知识

1. 天然气物化特性

天然气是指在地表以下，孔隙性地层中，天生的烃类和非烃类混合物。该定义没有规定气体的组成，也没有涉及气体的热值，因此可以按定义将天然气分为两大类，一类是可燃性天然气，其组成大部分为碳氢化合物，诸如：石油系天然气、煤层气、水溶性天然气、天然气水合物等；另一类为不可燃天然气，其组成大部分为二氧化碳和（或）氮气，诸如二氧化碳和（或）氮气藏气层气、火山气、温泉气等。

当今世界大规模开发并为人们广泛使用的可燃性天然气是石油系天然气。所谓石油系天然气系指与石油成因相同，与石油共生或单独存在的可燃气体。为了简化，通常指的“天然气”是可燃性天然气。天然气的物化特性及危险特性见表 1-1，常见可燃性气体种类及热值比较见表 1-2。

天然气理化特性及危险特性表　　**表 1-1**

标　识	中文名称	天然气，沼气	英文名称	Natural gas
	分子式	CH_4	相对分子量	16.04
成　分	成分名称	纯品　　√混合物		
	有害物成分	甲烷	CAS NO.	74－82－8
危险性描述	侵入途径：吸入。健康危害：空气中甲烷浓度过高，能使人窒息。当空气中甲烷达 25%～30%时，可引起头痛、头晕、乏力、注意力不集中、呼吸和心跳加速、共济失调。若不及时脱离，可致窒息死亡。皮肤接触液化气体可致冻伤。 环境危害：对环境有害。 燃爆危险：易燃，与空气混合能形成爆炸性混合物			
急救措施	皮肤接触：如果发生接触，将患部浸泡于保持在 38～42℃的温水中复温；不要涂擦；不要使用热水或辐射热；使用清洁、干燥的敷料包扎；如有不适感，就医。 眼睛接触：不会通过该途径接触。 吸入：迅速脱离现场至空气新鲜处；保持呼吸道通畅；如呼吸困难，给输氧；如呼吸停止，立即进行人工呼吸，就医。 食入：不会通过该途径接触			

续表

<table>
<tr><td rowspan="2">标　识</td><td>中文名称</td><td colspan="2">天然气，沼气</td><td colspan="2">英文名称</td><td>Natural gas</td></tr>
<tr><td>分子式</td><td colspan="2">CH_4</td><td colspan="2">相对分子量</td><td>16.04</td></tr>
<tr><td rowspan="2">成　分</td><td>成分名称</td><td colspan="5">纯品　　√混合物</td></tr>
<tr><td>有害物成分</td><td colspan="2">甲烷</td><td colspan="2">CAS NO.</td><td>74－82－8</td></tr>
<tr><td>消防措施</td><td colspan="6">危险特性：易燃，与空气混合能形成爆炸性混合物，遇热源和明火有燃烧爆炸的危险。与五氧化溴、氯气、次氯酸、三氟化氮、液氧、二氟化氧及其他强氧化剂接触发生剧烈反应。
有害燃烧产物：一氧化碳。
灭火方法：用雾状水、泡沫、二氧化碳、干粉灭火。
灭火注意事项：切断气源；若不能切断气源，则不允许熄灭泄漏处的火焰；消防人员必须佩戴空气呼吸器、穿全身防火防毒服，在上风向灭火；尽可能将容器从火场移至空旷处；喷水保持火场容器冷却直至灭火结束</td></tr>
<tr><td>泄漏应急处理</td><td colspan="6">应急处理：消除所有点火源。根据气体扩散的影响区域划定警戒区，无关人员从侧风、上风向撤离至安全区。建议应急处理人员戴正压自给式呼吸器，穿防静电服。作业时使用的所有设备应接地。禁止接触或跨越泄漏物。尽可能切断泄漏源。若可能翻转容器，使之逸出气体而非液体。喷雾状水抑制蒸汽或改变蒸汽云流向，避免水流接触泄漏物。禁止用水直接冲击泄漏物或泄漏源。防止气体通过下水道、通风系统和限制性空间扩散。隔离泄漏区直至气体散尽</td></tr>
<tr><td>操作处置与储存</td><td colspan="6">操作注意事项：密闭操作，全面通风；操作人员必须经过专门培训，严格遵守操作规程；远离火种、热源，工作场所严禁吸烟；使用防爆型的通风系统和设备；防止气体泄漏到工作场所空气中；避免与氧化剂接触；在传送过程中，钢瓶和容器必须接地和跨接，防止产生静电；搬运时轻装轻卸，防止钢瓶及附件破损；配备相应品种和数量的消防器材及泄漏应急处理设备。
储存注意事项：钢瓶装本品储存于阴凉、通风的易燃气体专用库房；远离火种、热源；库温不宜超过30℃；应与氧化剂等分开存放，切忌混储；采用防爆型照明、通风设施；禁止使用易产生火花的机械设备和工具；储区应备有泄漏应急处理设备</td></tr>
<tr><td>接触控制/个体防护</td><td colspan="6">工程控制：生产过程密闭，全面通风。
呼吸系统防护：一般不需特殊防护。但建议特殊情况下，佩戴过滤式防毒面具（半面罩）。
眼睛防护：一般不需要特殊防护，高浓度接触时可戴安全防护眼镜。
身体防护：穿防静电工作服。
手防护：戴一般作业防护手套。
其他防护：工作现场严禁吸烟；避免长期反复接触；进入限制性空间或其他高浓度区作业，须有人监护</td></tr>
<tr><td rowspan="6">理化特性</td><td>外观与性状</td><td colspan="5">无色无味的气体</td></tr>
<tr><td>溶解性</td><td colspan="5">微溶于水，溶于乙醇、乙醚、苯、甲苯等</td></tr>
<tr><td>熔点（℃）</td><td>－182.6</td><td>沸点（℃）</td><td>－161.4</td><td>闪点（℃）</td><td>－218</td></tr>
<tr><td>爆炸上限（%）</td><td>15</td><td>爆炸下限（%）</td><td>5</td><td>引燃温度（℃）</td><td>537</td></tr>
<tr><td>燃烧热（kJ/mol）</td><td>－890.8</td><td>临界温度（℃）</td><td>－82.25</td><td>临界压力（MPa）</td><td>4.59</td></tr>
<tr><td>相对密度（空气为1）</td><td>0.6</td><td colspan="2">饱和蒸汽压（kPa）</td><td colspan="2">53.32（－168.8℃）</td></tr>
<tr><td>稳定性和反应性</td><td colspan="6">稳定性：稳定。
禁配物：强氧化剂、强酸、强碱、卤素。
聚合危害：不聚合</td></tr>
</table>

续表

<table>
<tr><td rowspan="2">标 识</td><td>中文名称</td><td colspan="2">天然气，沼气</td><td>英文名称</td><td colspan="2">Natural gas</td></tr>
<tr><td>分子式</td><td colspan="2">CH_4</td><td>相对分子量</td><td colspan="2">16.04</td></tr>
<tr><td rowspan="2">成 分</td><td>成分名称</td><td colspan="5">纯品 √混合物</td></tr>
<tr><td>有害物成分</td><td colspan="2">甲烷</td><td>CAS NO.</td><td colspan="2">74－82－8</td></tr>
<tr><td>毒理资料</td><td colspan="6">LC_{50}：50％（小鼠吸入，2h）</td></tr>
<tr><td>废弃处置</td><td colspan="6">废弃物性质：危险废物。废弃处置方法：建议用焚烧法处置。
废弃注意事项：处置前应参阅国家和地方有关法规。把倒空的容器归还厂商或在规定场所掩埋</td></tr>
<tr><td rowspan="2">储运注意事项</td><td>包装类别</td><td>Ⅱ类包装</td><td>包装标识</td><td>易燃气体</td><td>包装方法</td><td>钢质气瓶</td></tr>
<tr><td colspan="6">运输注意事项：采用钢瓶运输时必须戴好钢瓶上的安全帽。钢瓶一般放平，并应将瓶口朝同一方向，不可交叉；高度不得超过车辆的防护栏板，并用三角木垫卡牢，防止滚动。运输时运输车辆应配备相应品种和数量的消防器材。装运该物品的车辆排气管必须配备阻火装置，禁止使用易产生火花的机械设备和工具装卸。严禁与氧化剂等混装混运。夏季应早晚运输，防止日光曝晒。中途停留时应远离火种、热源。公路运输时要按规定路线行驶，勿在居民区和人口稠密区停留。铁路运输时要禁止留放</td></tr>
</table>

常见可燃性气体热值比较 **表 1-2**

种 类	热值/（MJ/m^3）	种 类	热值/（MJ/m^3）
天然气	33～38.2	气态液化石油气	80～108.4
油田伴生气	40～45.5	沼气	20～25
人工煤气	13～18	—	—

2. 商品天然气

油气田直接开采的石油系天然气（以下简称为天然气），无论是伴生气还是非伴生气都不同程度地含有不利于输送和使用的固体颗粒、腐蚀产物、水、液态烃、硫化物、二氧化碳等杂质。因此，油气田直接开采的天然气，在送往市场销售之前，都要将这些杂质脱除，以达到规定的商品天然气的气质要求。

天然气要成为一种商品必须有其质量标准，这就是商品天然气的气质标准。商品天然气的气质标准是按气态管输形式和城市燃气使用要求统一进行考虑制定的。因此，气质标准既要满足管输要求，又要符合城市民用和商业使用要求。同时，也是规范和制约天然气处理工厂操作、运行的极其重要的技术指标。

虽然天然气的热值和二氧化碳含量对商业使用价值来说是必不可少的，但由于商品天然气绝大部分用作燃料，且其中用作民用燃料的比例相当大，也就是说商品天然气进入了家庭，因此，充分保证使用者的健康和安全至关重要，这使商品天然气中的硫化物含量控制指标显得尤其重要。各个国家对商品天然气中的硫化氢和总硫含量都作了十分严格的限制，其中欧美发达国家制定的商品天然气标准规定硫化氢含量控制为 $5mg/m^3$ 天然气左右，总硫控制含量为 $100mg/m^3$ 天然气（以硫计）左右。我国国家标准规定的Ⅰ类商品气的硫化氢含量为不大于 $6mg/m^3$ 天然气，总硫含量为不大于 $100mg/m^3$ 天然气（以硫计），这与国际商品气气质标准是一致的。表 1-3 为我国天然气国家标准。

我国天然气国家标准　　表 1-3

项　目	一类	二类	三类	项　目	一类	二类	三类
高热值/（MJ/m^3）	＞34			硫化氢（mg/m^3）	≤6	≤20	≤460
总硫（以硫计）（mg/m^3）	≤100	≤200	≤460	二氧化碳/%	≤3.0	≤3.0	—
水露点/℃	在天然气交接点的压力和温度下，比最低环境温度低 5℃						

对用商品天然气加工生产液化天然气（LNG）和压缩天然气（CNG）的用户，需要对所用的商品天然气再进行深度脱水；对用商品天然气生产化工产品的用户，则需要对商品天然气中包括硫化氢在内的硫化物进行精脱。

1.2　输配场站基础知识

1. 城市燃气系统

城市燃气输配系统的构成如图 1-1 所示。

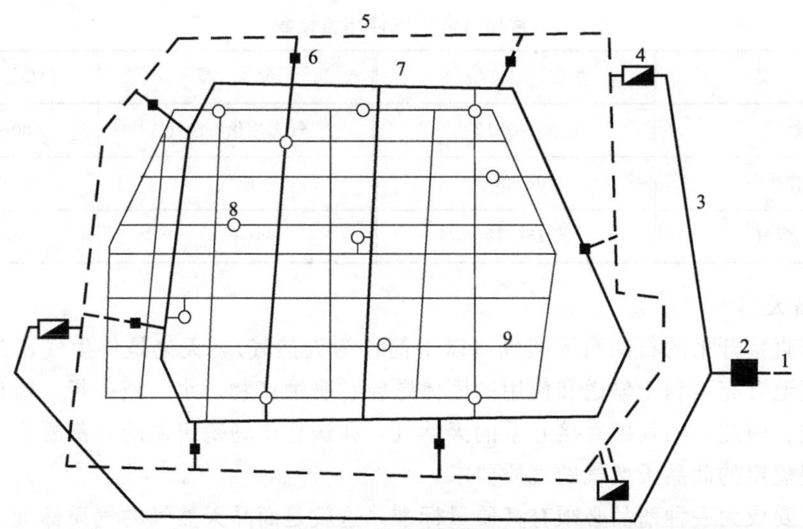

图 1-1　三级燃气输配系统

1—长距离输气管线；2—城市燃气门站；3—郊区高压管线；4—燃气储配站；5—高压管网；6—高中压调压站；7—中压管网；8—中低压调压站；9—低压管网

城镇门站是接受天然气长输管道来气，并根据需要进行净化、调压、计量、加臭后，向城镇燃气输配管网或储配站输送商品燃气。

输配场站的主要作用是接受由气源或门站供应的燃气，并根据需要进行净化、储存、加压、调压、计量、加臭后向城镇燃气输配系统输送商品燃气，通常门站和输配场站建设在一起，可以节约投资、节省占地，便于运行管理。

门站、输配场站一般由储气罐、加压机房、调压计量间、加臭间、变电室、配电间、控制室、水泵房、消防水池、锅炉房、工具库、油料库、储藏室以及生产和生活辅助设施等组成如图 1-2 所示。

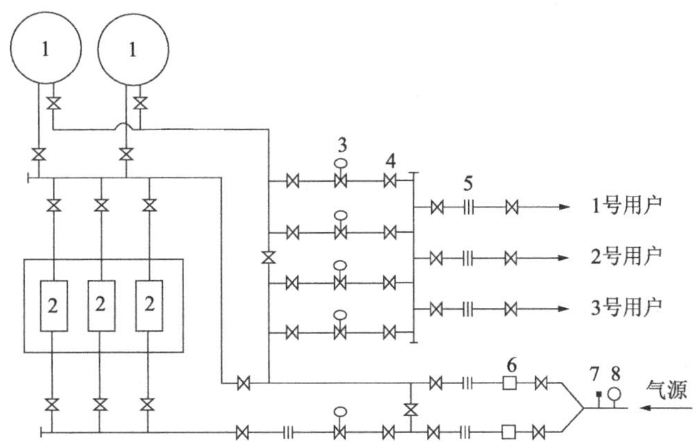

图 1-2 储配站工艺流程图

1—球罐；2—压缩机；3—调压器；4—阀；5—流量孔板；
6—过滤器；7—温度计；8—压力表

门站、储配站的工艺流程按燃气的储存压力分为高压储存工艺流程和低压储存工艺流程两大类。随调压级数和输出压力的不同，可再分成如下几种类型。

(1) 高压储存门站、储配站

高压储存门站、储配站的工艺流程应根据气源与城镇燃气输配系统要求的燃气质量、流量和压力等确定。典型的工艺流程有：高压储存一级调压、中压或次高压输送流程；高压储存二级调压、次高压输送流程。

1) 高压储存一级调压、中压或次高压输送

低压燃气自气源经过滤器进入压缩机加压，然后经冷却器冷却后通过油气分离器，使油气分离后的燃气送入固定容积高压储气罐，然后通过调压器，使出口燃气压力符合城镇输气管网起点压力的要求，计量后输入管网。

当城镇供气量处于低峰负荷时，来自气源的燃气经油气分离器后直接进入固定容积高压储气罐；当城镇用气量处于高峰负荷时，高压储气罐中的燃气则利用罐内压力输出，经调压器调压并经计量后送入城镇输配管网。

2) 高压储存二级调压、次高压输送

来自气源的高压燃气经过滤后，通过流量计计量，进入一级调压器调压，调压后的燃气进入固定容积高压储气罐，或者经二级调压器并经计量器具计量后直接送往城镇输配管网。在城镇用气量处于高峰负荷时，高压储气罐中储存的燃气靠自身压力输入二级调压器调压并经计量后送入管网。

高压储存门站、储配站调压是在燃气入口的地方安装阀门和止回阀，止回阀的作用是为了在燃气干管停止供气时，防止燃气从储气罐中倒流。门站、输配场站的调压间要有足够数量的旁通管，以便进行检修时使用。

(2) 低压储存储配站

低压储配站典型工艺流程有：低压储存中压输送工艺流程、低压储存低压和中压分路

输送工艺流程两种。

1）低压储存中压输送储配站

来自低压气源的燃气首先进入低压储气罐，然后再自储气罐引出至压缩机加压至中压，再经流量计计量后送入城镇中压管网。

2）低压储存、低压中压分路输送储配站

来自低压气源的低压燃气首先在储气罐中储存，再由储气罐引出至加压机加压至中压，送入中压管网。当需要低压供气时，可不经加压直接由储气罐引至低压管网供气。

2. 城市燃气管网系统的分类

(1) 根据管网的压力机制燃气管网系统可分为

一级系统：只含有一种压力等级的管道，有中压一级系统、低压一级系统。

二级系统：含有两个压力等级的燃气管道。

三级系统：含有三个压力等级的燃气管道。

多级系统：含有三个以上压力等级的燃气管道。

(2) 根据用途分类

1）长距离输气管线

2）城市燃气管道

①输气干管：承担整个城市燃气的输送任务。

②分配管道：将燃气分配给各类用户，包括街区分配管、庭院分配管。

③用户引入管：将燃气从庭院管引向用户室内管。

④室内燃气管道：包括立管、水平管、下垂管等将燃气分配给各个燃具。

3）工业企业燃气管道

工厂引入管、厂区燃气管道、车间燃气管道、炉前燃气管道。

(3) 根据敷设方式分类

1）地下燃气管道：城市中普遍采用的方式。

2）架空燃气管道：工厂内普遍采用的方式，城市小区内有时采用。

(4) 根据输气压力分类（图 1-3）

1）高（次高）压管网：门站出口压力一般大于 1.6MPa。

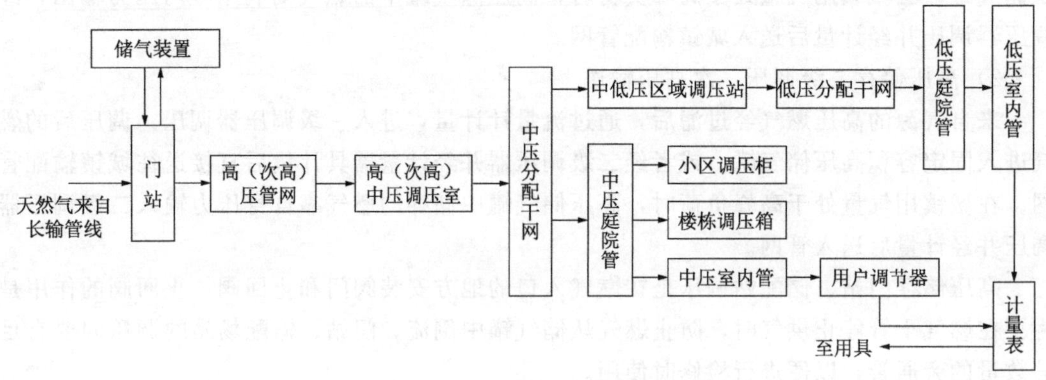

图 1-3 城市燃气管网系统图

2）中压管网：城镇调压出口压力一般为0.05～1.6MPa。

3）低压管网：居民小区调压出口压力（即终端燃气压力）一般低于0.005MPa。

根据输气压力分为高压燃气管道、次高压燃气管道、中压燃气管道、低压燃气管道如表1-4所示。

燃气管网根据输气压力分类 **表1-4**

名称		压力（MPa）
高压燃气管道	A	$2.5<P\leqslant4.0$
	B	$1.6<P\leqslant2.5$
次高压燃气管道	A	$0.8<P\leqslant1.6$
	B	$0.4<P\leqslant0.8$
中压燃气管道	A	$0.2<P\leqslant0.4$
	B	$0.01\leqslant P\leqslant0.2$
低压燃气管道		$P<0.01$

4）常用的压力等级介绍

①低压一级系统

管网压力低于0.005MPa，各类用户直接与管网连接；此系统简单、较安全，供气范围小，适应于小城市及人工气源。

②中压B一级系统

管网压力低于0.2MPa，用户通过调压器与管网相连；与低压系统相比，因输气压力较高、管径较小、供气范围较大、用户处压力稳定，但调压器数量多，安装费用较大。适应于中、小城市用户分布较分散及空混气气源。

③中压A一级系统

管网压力低于0.4MPa，用户通过调压器与管网相连。适应于中、小城市及天然气气源。

④中压B、低压二级系统

中压B管道与低压管道之间由中低压调压器连接，气源压力不大于0.2MPa，部分只有较低压力气源的大城市，流程如下：

气源→中压B管网→中低压调压器→低压管网→用户

⑤中压A、低压二级系统

气源为天然气，进入管网的压力不超过0.4MPa，适应于中、小城市及部分无大型用户的大城市。

⑥高压B、中压A、低压三级系统及多级系统

适用于大城市、天然气气源，流程如下：

气源→高压B管网→高中压调压器→中压A管网→中低压调压器→低压管网→用户

燃气管道一般根据压力分类，其原因是燃气泄漏可能导致火灾、爆炸、中毒等事故，与其他管道相比，燃气管道的气密性要求较高，管道内燃气压力不同，对管道材质、安装质量、检验标准等要求不同。一般来说管道内压力越高，管道漏气的可能性越大，对管道

的质量要求越高，但采用较高压力的管道，可以减少整个管网的投资。

3. 天然气输配场站系统

(1) 天然气输配场站系统一般有以下功能

1) 将燃气加压（减压）以保证输配管网或用户燃具前燃气有足够的压力；

2) 当输气设施发生暂时故障、维修管道时，保证一定程度的供气；

3) 储存一定量的燃气以供用气高峰时调峰用。

(2) 天然气输配场站设备设施

因而天然气输配场站一般设置储存、调压、计量、加压等设备设施。

1) 储存：天然气储气罐的选择应根据城镇燃气输配系统的要求确定，燃气末端储存系统如图 1-4 所示。

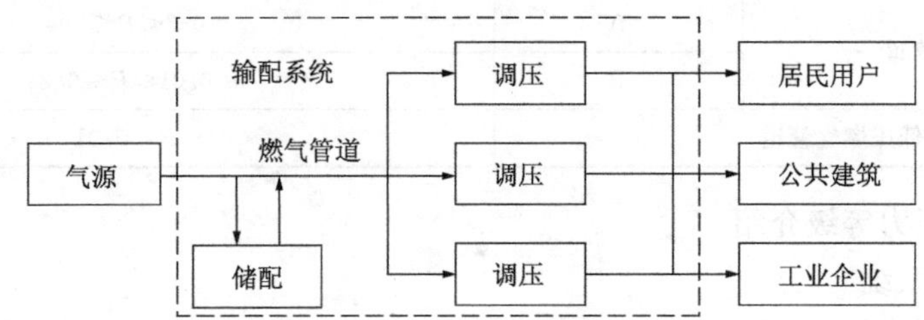

图 1-4 燃气末端储存系统图

储气罐通常按储存压力和结构形式分类，见表 1-5。

储气罐分类 表 1-5

按储气压力分类	按密封方式分类	按结构形式分类
低压储气罐	湿式	直立式、螺旋式
	干式	曼型、可隆型、威金斯型
高压储气罐	圆柱形（立式或卧式）	
	球 形	

2) 调压：为了满足城镇燃气在输配与应用过程中，不同用户对不同压力的需要，在城镇燃气系统中需要设置压力调节与控制的装置；调压器就是用来控制燃气系统压力工况的设备。其作用就是将高压燃气降至所需的压力，并使调压器出口压力保持稳定不变。

燃气调压器通常安设在城镇燃气气源、门站、储配站、加压站、配气站、加气站、各级压力管网之间、分配管网和用户处。

3) 计量间是储配站的一个组成部分。燃气计量的主要目的有两个：一是计量收费，进行成本核算；二是为城镇燃气调度与控制提供基础数据。储配站计量间规模，应根据储配站在城镇燃气输配系统中的地位与计量的目的确定。计量装置量程一般只允许在一定范围内波动。而城镇燃气的流量随着气量供需关系随时变化，变化幅度较大。因此，计量装置宜设置几个分支并联，利用不同分支的开停，来适应燃气流量波动范围大的特点，以保证计量装置在稳定的计量范围工作。

计量时一般以 20℃、压力为 101325Pa 时为标准状态，其他状态应换算为标准状态。

4）加压：对于低压储配站内一般需设置加压机房，以满足城镇燃气对压力的需要。燃气压缩机的选型应根据城镇燃气输配系统的负荷及压力来确定，并考虑将来发展。

如果加压机房的容量较大，宜选用排气量较大的压缩机。压缩机组过多会增加建筑面积与维修费用。当负荷波动较大，最低小时的排气量应小于单机的排气量，此时选用排气量大小不同的机组；城镇燃气输配系统中目前常用活塞式压缩机与罗茨式鼓风机，使用离心式压缩机相对较少。

2 燃气输配场站的典型工艺及设备

燃气输配场站是城市燃气输配系统重要设施，随着输配系统的自动化管理水平的不断提高，急切需要输配人员掌控天然气输配站的自动控制要求及典型工艺设备。本章将围绕天然气储配站的输配系统组成、典型工艺流程、日常运行操作规程、通用设备设施等展开。

2.1 燃气输配系统组成

燃气管道输配系统一般由接收站（或门站）、输配管网、储气设施、调压设施以及运行管理设施和监控系统等共同组成，输配系统如图 2-1 所示。

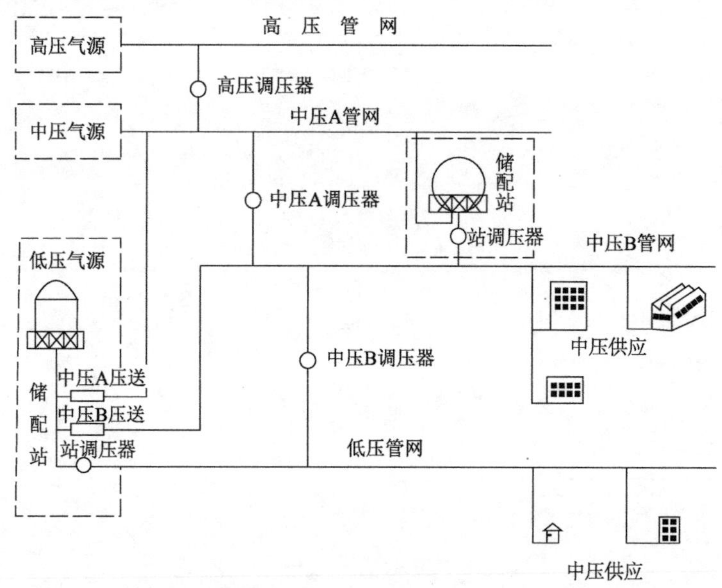

图 2-1 燃气输配系统示意图

1. 接收站

接收站（门站）负责接受气源厂、矿（包括煤制气厂、天然气、矿井气及有余气可供应用的工厂等）输入城镇使用的燃气，进行计量、质量检测，按城镇供气的输配要求，控制与调节向城镇供应的燃气流量与压力，必要时还需对燃气进行净化。

2. 输配管网

输配管网是将接收站（门站）的燃气输送至各储气点、调压室、燃气用户，并保证沿途输气安全可靠。

3. 燃气储配站

储配站的作用：

(1) 储存一定量的燃气以供用气高峰时调峰用；

(2) 当输气设施发生暂时故障、维修管道时，保证一定程度的供气；

(3) 对使用的多种燃气进行混合，使其组分均匀；

(4) 将燃气加压（减压）以保证输配管网或用户燃具前燃气有足够的压力。

4. 燃气调压室

调压室是将输气管网的压力调节至下一级管网或用户所需的压力，并使调节后的燃气压力保持稳定。

2.2 燃气输配场站的典型工艺流程

所谓工艺流程，是为达到某种生产目标，将各种设备、仪器以及相应管线等按不同方案进行布置，这种布置方案就是工艺流程。输气站的工艺流程，就是输气站的设备、管线、仪表等的布置方案，在输气生产现场，往往将完成某一种单一任务的过程称工艺流程，如清管工艺流程、正常输气工艺流程、输气站站内设备检修工艺流程等。表示输气站工艺流程的平面图形，称之为工艺流程图。

对于一条输气干线，一般有首站、增压站、分输站、清管站、阀室和末站等不同类型的工艺场站。各个场站由于所承担的功能不同其工艺流程也不尽相同，有些输气站同时具备了以上场站的所有功能，其工艺流程也相对复杂，下面分别介绍各种场站典型的工艺流程。

1. 首站工艺流程

图 2-2 为天然气输送首站的典型工艺流程图，首站的主要任务是接受油气田来气，对天然气中所含的杂质和水进行分离，对天然气进行计量，发送清管器及在事故状态下对输气干线中的天然气进行放空等。另外，如需要增压，一般首站还需要增加增压设备。

首站的工艺流程主要有正常流程、越站流程，工艺区主要有分离区、计量区、增压区、发球区等。

(1) 正常流程：油田来气、分离器分离、计量、出站。

(2) 越站流程：油田来气直接经越站阀后出站。

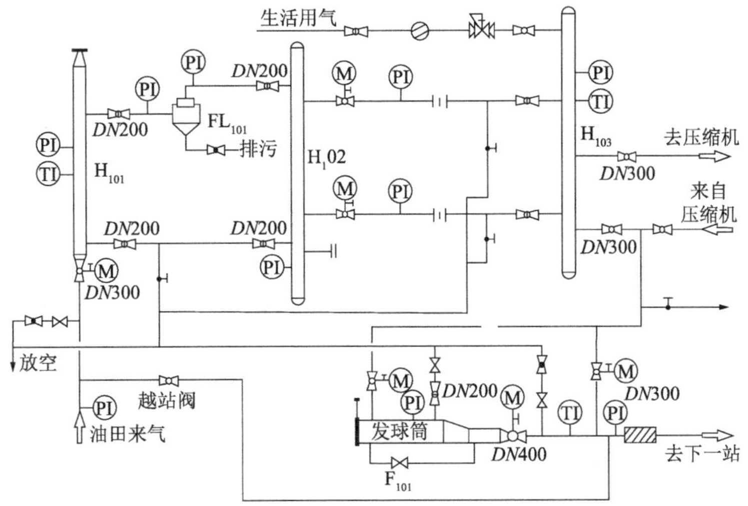

图 2-2 首站典型工艺流程图

2. 末站工艺流程

图 2-3 为典型的末站工艺流程图，在长输管道中，末站的任务是进行天然气分离除尘，接收清管装置，按压力、流量要求给用户供气。

因此末站的工艺主要有气质分离、调压、计量和收球等工艺。

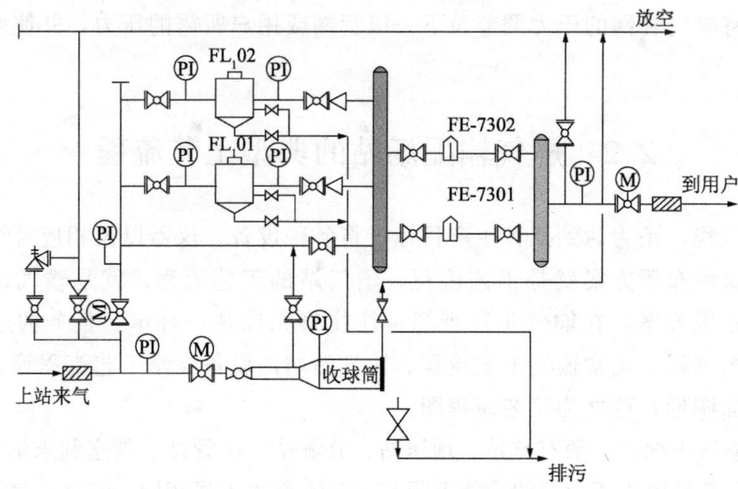

图 2-3 末站典型工艺流程图

3. 分输站工艺流程

图 2-4 为分输站典型工艺流程图，分输站的任务是进行天然气的分离、调压、计量及收发清管球，在事故状态下对输气干线进行放空，以及给各用户进行供气。

其流程主要有：

(1) 正常流程：进站阀进站、经分离器分离、调压计量及向下游供气。

(2) 越站流程：天然气在进站之前，通过越站阀直接向下游供气，此流程一般是在故障或检修状态下进行。

(3) 收发球流程：是在上一站接清管球，向下站发送清管球。

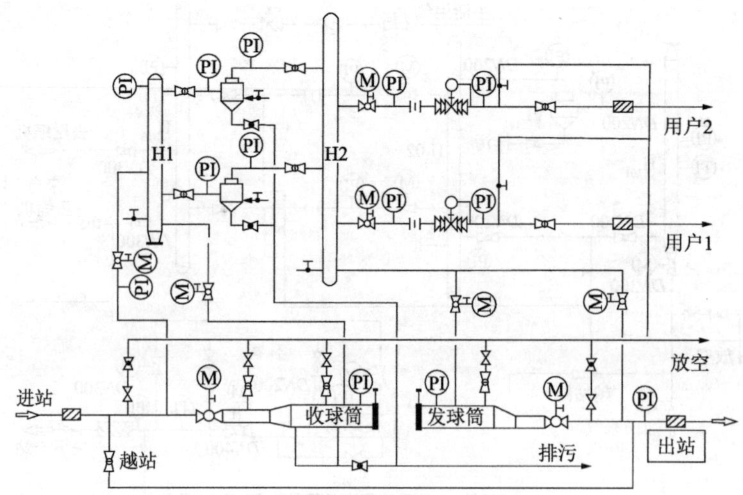

图 2-4 分输站典型工艺流程图

4. 清管工艺流程

图 2-5 为清管典型工艺流程图，顾名思义，该站的功能就是收发清管球。

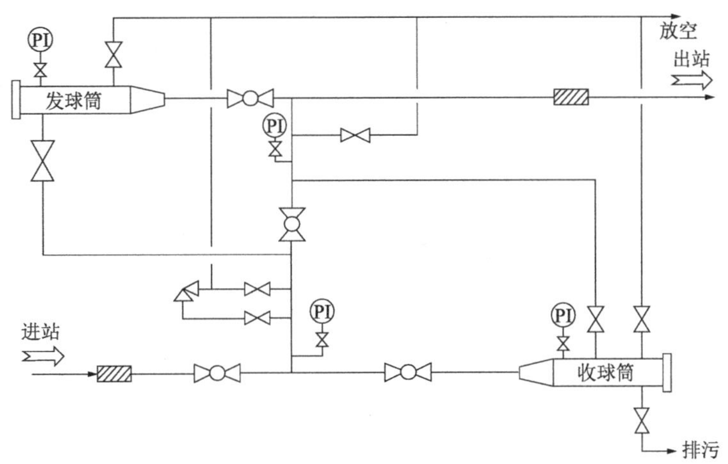

图 2-5 清管典型工艺流程图

天然气管道的清管作业有投产前清管和正常运行时的定期清管。投产前清管的主要目的是清除管道内杂质，主要包括施工期间的泥土、焊渣、水等。正常运行期间的清管是指管道运行一段时间后，由于气体内含有一定的杂质和积液积存在管线内，使管输效率下降，对管线造成腐蚀等，因此需要分管段进行清管。

5. 阀室工艺流程

阀室是输气干线中工艺比较简单的设施，一般为无人值守。根据设计要求，在输气干线约 20～30km 范围内应设置阀室，在特殊情况下，如河流等穿越处两侧应分别设置阀室。阀室的典型流程如图 2-6 所示，分别由快速截断阀和放空阀组成。

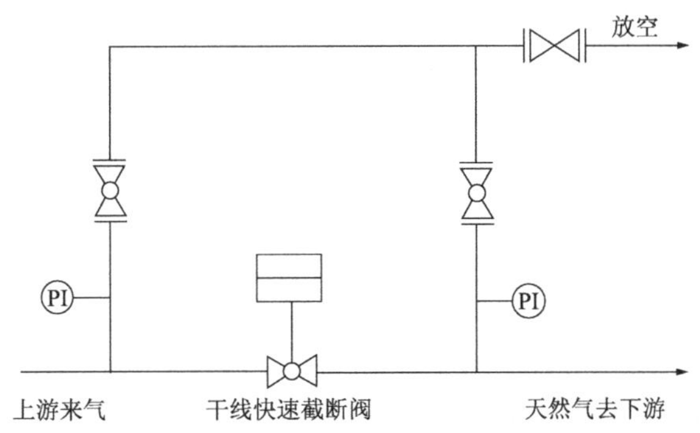

图 2-6 阀室典型工艺流程图

阀室的主要作用有两个，一是当管线上、下游发生事故时，管线内天然气压力会在短时间内发生很大变化，快速截断阀可以根据预先设定的允许压降速率自动关断阀门，切断上、下游天然气，防止事态进一步扩大；二是在维修管线时切断上下游气源，放空上游或下游天然气，便于维修。

6. 压力控制系统工艺流程

常用压力控制系统工艺流程图，如图 2-7 所示。

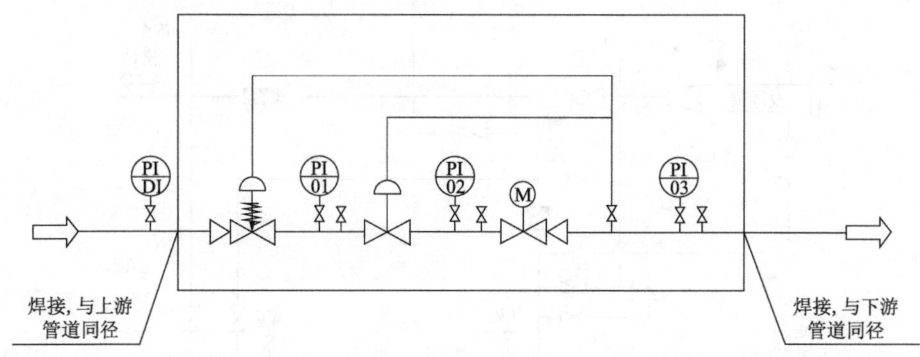

图 2-7　压力控制系统典型工艺流程图

压力控制系统按照从上游到下游的顺序是安全切断阀、监控调压器、工作调压器、现场压力表。在调试设备时气质要求纯净无水、颗粒、泥土、浆等杂质，避免损坏设备部件。

2.3　输配场站日常运行操作规程

1. 排污操作规程

(1) 排污前应具备的条件

过滤分离器和旋风分离器排污前，应先从工作流程中隔离出来，然后放空降压到 1.0MPa 后，再进行排污。

(2) 排污前的检查

1) 检查排污池周围 50m 内没有无关人员和车辆进入；

2) 观察排污时风向，使工艺场站处于上风口；

3) 排污前，应往排污池内浇入适量清水。

(3) 排污操作

1) 过滤分离器、旋风分离器、汇管和清管器接收筒排污时，应先全开球阀，用旋塞阀控制排污；

2) 开启旋塞阀时应缓慢，不得过猛；

3) 关排污阀时，应先关闭旋塞阀，后关闭球阀；

4) 操作排污阀时，应用耳仔细听排污管内流体声音，判明管内流动的是液体、杂质还是气体，待没有液体、杂质流动声后方可关闭排污阀；

5) 在进行分离器、清管器接收筒内部清污操作时，打开盲板（盲孔）后，应立即向接收筒内浇入适量清水（湿式作业），以防止硫化铁自燃和粉尘飞扬。

2. 放空操作规程

(1) 放空前的要求

1) 根据放空现场情况安排警戒人员；

2) 放空管周围 50m 范围内不得有车辆和行人；

3）100m（顺风方向 200m）范围内不得有明火。

（2）放空

1）过滤分离器和旋风分离器放空操作时，先打开球阀，用旋塞阀控制放空；

2）开启旋塞阀时应缓慢，不得过猛；

3）关闭放空阀时，先关闭旋塞阀，后关闭球阀；

4）清管器接收筒和发送筒放空操作时，开启放空阀时应缓慢，不得过猛。

3. 场站升压操作规程

（1）场站升压前，应关闭进站阀 1（见图 2-8），全开阀 3、阀 4；缓慢打开阀 2 控制进气；

（2）观察阀 1 上、下游压力表 PI，待阀 1 上、下游压差小于 0.1MPa 时，打开阀 1；

（3）关闭阀 2、阀 3、阀 4。

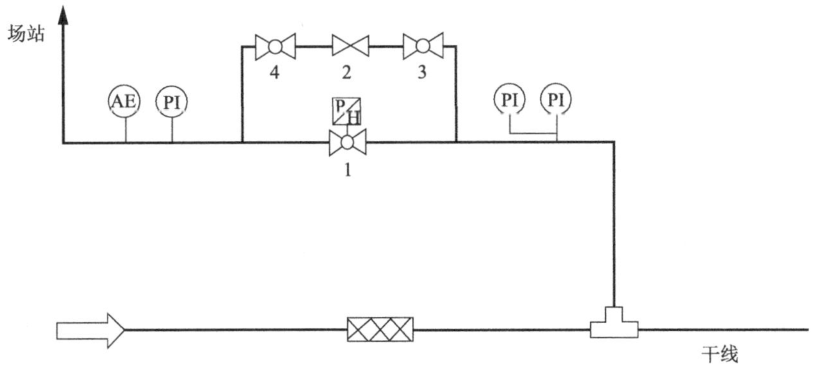

图 2-8　场站升压操作示意图

4. 正常流程和越站流程的切换操作

（1）从正常流程到越站流程的切换操作

打开阀 6（见图 2-9），关闭阀 1、阀 5，将流程切换到越站流程。

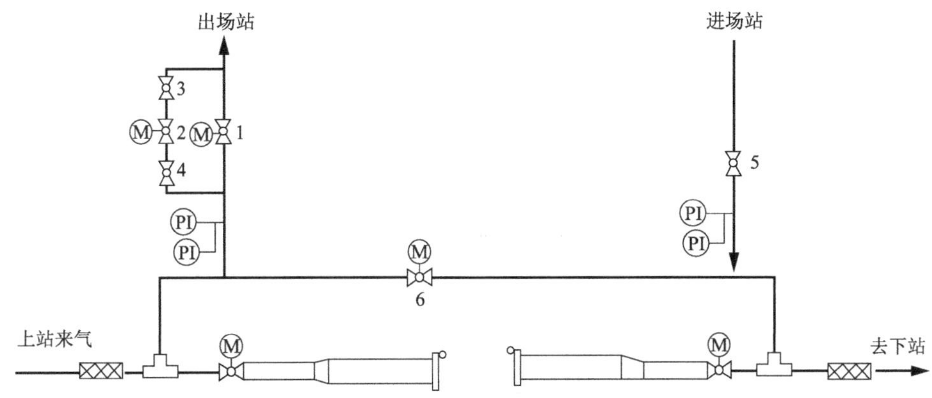

图 2-9　正常流程和越站流程切换示意图

（2）从越站流程到正常流程的切换

1）当场站内带压时，按如下操作：

①打开阀 1、阀 5；

②关闭阀 6。

2）当场站内不带压时，按如下操作：

①打开阀 5 约 1%～5%开度，在阀 5 旁听到气流声，即停止开阀，看阀 5 后压力表压力，待阀 5 的前后压力相等后，把阀 5 打全开；

②打开阀 1 约 1%～5%开度，在阀 1 旁听到气流声，即停止开阀，看阀 1 后压力表压力，待阀 1 的前后压力相等后，把阀 1 打全开；

③关闭阀 6。

5. 清管操作

(1) 发送清管器操作

1）清管器发送前的准备和要求

①清管前对场站设备、管道状况进行全面检查；

②根据管道实际状况，确定选择清管器的过盈量；

③全面掌握清管方案，做好工艺操作及清管前的准备工作；

④检查清管器皮碗安装螺钉是否紧固；

⑤测量皮碗直径及厚度；

⑥检查发射机安装是否紧固；连接搭片是否紧固；

⑦检查清管器发出筒上压力表是否合适、完好；

⑧清管器通过指示器是否灵活好用，且已复位；

⑨准备好专用扳手、活扳手、黄油、密封脂、快开盲板密封圈和清管器送入拉出杆等材料和工具。

2）发送清管器

①清管器发送前，阀 1（见图 2-10）、阀 2、阀 3、阀 5 为关闭，阀 4 为打开；

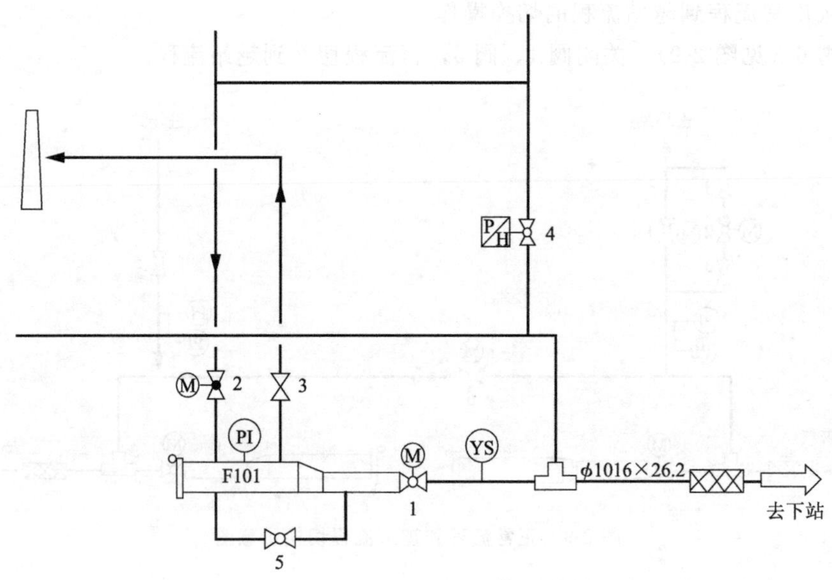

图 2-10　发送清管器示意图

②打开清管器发送筒（以下简称发送筒）的放空阀 3；确认发送筒内压力为零后，打开快开盲板；

③将清管器送至发送筒底部偏心大小头处，并将清管器在大小头处塞实；

④关好快开盲板；

⑤关闭放空阀 3；

⑥打开发送筒平衡阀 5；

⑦缓慢打开发送筒进气阀 2；

⑧待阀 1 上、下游压力平衡后，关闭阀 5、阀 2；

⑨打开发送筒出口阀 1；

⑩缓慢打开阀 2，关闭出站阀 4，将清管器发出；

⑪观察清管器通过指示器 YS，确认清管器发出后，打开出站阀 4，关闭阀 2、阀 1；

⑫打开放空阀 3，观察发送筒上压力表 PI，待发送筒内压力为零后，打开快开盲板，观察清管器已发出后，关好快开盲板；

⑬关闭放空阀 3；

⑭如清管器没有发出，重复发送清管器操作；

⑮做好发送清管器时间、启动压力等记录。

3）发送清管器安全注意事项

①开、关快开盲板，应按《BANDLOK™-2 型快开盲板操作维护规程》进行操作；

②发送筒的快开盲板正面和内侧面不得站人；

③清管器应送至发送筒的喉部即偏心大小头处；

④确认清管器发送筒出口阀 1 全开到位。

（2）接收清管器操作

1）清管器接收前的准备和要求

①准备好需用的各种专用工具和材料；

②检查清管器接收筒（以下简称接收筒）上压力表是否合适完好；

③清管器通过指示器是否灵活好用，且已复位；

④打开接收筒放空阀进行放空；

⑤待筒内压力为零后，打开快开盲板；

⑥将一清管器防撞球（清管球）放入接收筒内；

⑦关好快开盲板。

2）接收清管器

①接收清管器前，阀 1（见图 2-11）、阀 2、阀 3、阀 5、阀 6 为关闭，阀 4 为打开；

②根据清管器的运行计算数据和监测情况，在清管器到站前 2h，将流程切换为清管器接收流程；

③打开阀 2；

④待阀 1 上、下游压力平衡后，打开阀 1；

⑤关闭阀 4；

⑥间歇打开放空阀 3 进行排污，如没有粉尘排出应立即关闭；

⑦间歇打开排污阀 5 和阀 6 进行排污，如无液体或污物排出应立即关闭；

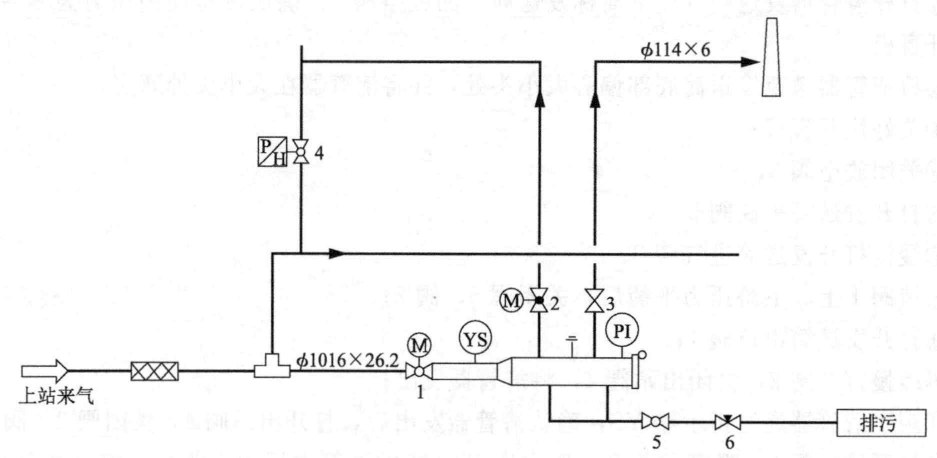

图 2-11　接收清管器示意图

⑧观察清管器通过站内指示器 YS，确认清管器进入接收筒后，打开阀 4；

⑨关闭阀 1 和阀 2；

⑩打开放空阀 3，观察压力表 PI；

⑪待接收筒内压力为零后，从接收筒上的注水口向筒内注入适量清水；

⑫打开快开盲板，根据实际情况决定是否再向筒内浇入适量清水，以防止硫化铁自燃和粉尘飞扬；

⑬取出清管器，清洗接收筒和快开盲板；

⑭关好快开盲板；

⑮关闭放空阀 3，恢复站内、外清管器通过指示器的原始状态；

⑯清扫场地，填写记录、汇报。

3）接收清管器操作、安全和环保注意事项

①开、关快开盲板，应按《BANDLOCK™-2 型快开盲板操作维护规程》进行操作；

②确认清管器接收筒进口阀全开到位；

③开启放空阀和排污阀时动作应缓慢；

④清管器接收筒的快开盲板正面和内侧面不得站人；

⑤从清管器接收筒排除的污物应挖坑深埋，避免对环境造成污染。

6. 线路截断阀室操作

（1）放空操作

1）打开上游阀 3（见图 2-12）、阀 2，或打开下游阀 4；利用阀 5 进行放空；

2）放空完毕后关闭阀 5；

3）关闭上游阀 2、阀 3，或关闭下游阀 4。

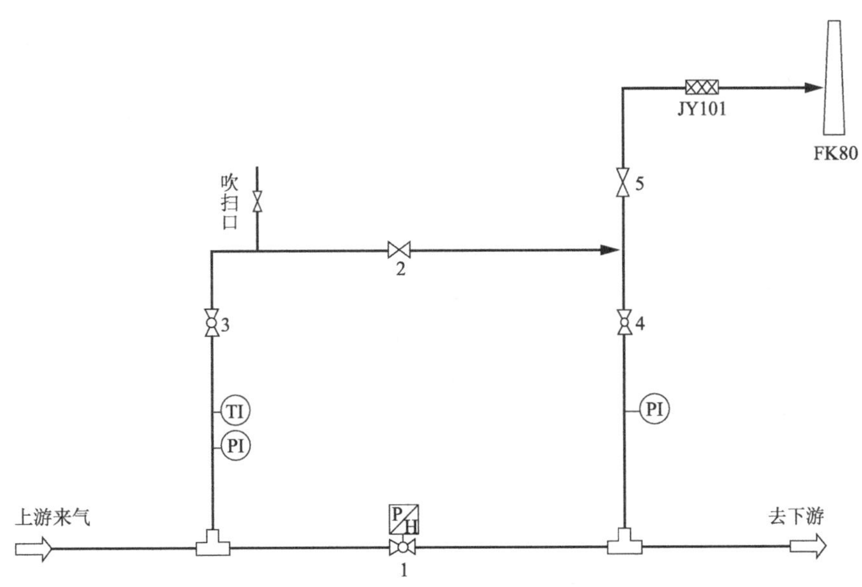

图 2-12 管路截断阀室示意图

(2) 平衡操作

1) 打开阀 3、阀 4，利用阀 2 进行流量控制；

2) 观察阀 1 上、下游压力表，当上、下游压差小于 0.1MPa 时，打开阀 1；

3) 关闭阀 2、阀 3 和阀 4；

4) 开、关阀 1，应按《SHAFER 气液联动执行机构操作维护规程》Q/SY XQ 36—2003 进行操作。

2.4 输配场站通用的设备设施

1. 阀门

阀门是管路流体输送系统中控制部件，用来改变通路断面和介质流动方向，具有导流、截止、调节、节流、止回、分流或溢流卸压等功能，例如启闭作用：切断或沟通管内流体的流动；调节作用：调节管内流量、流速；节流作用：使流体通过阀门后产生很大的压力降；其他作用：自动启闭、维持一定压力、阻汽排水。

(1) 阀门的分类

阀门种类繁多，随着各类成套设备工艺流程和性能的不断改进，阀门种类还在不断增加，但总的来说有以下几种分类方法：

1) 按用途分

①截断阀类：接通或截断管路中各段中的介质，如闸阀、截止阀、球阀、旋塞阀、隔膜阀、蝶阀等。

②调节阀类：调节管路中介质的流量和压力，如节流阀、调节阀、减压阀等。

③分流阀类：改变管路中介质的流动方向，用于分配、分离或混合介质，如分配阀、三通旋塞阀、三通或四通球阀、疏水阀等、止回阀类、安全阀类。

2）按作用力分

①他动作用阀门：借助手动、电动、液动和气动来操纵的阀门，如闸阀、截止阀、节流阀、蝶阀、球阀、平衡阀、柱塞阀、旋塞阀等。

②自动作用阀门：依靠介质液体、气体、蒸汽等。

③本身的能力而自行动作的阀门：如安全阀、止回阀、减压阀、疏水阀、水力控制阀、紧急切断阀、排气阀等。

3）按压力分

①低压阀：公称压力 $PN \leqslant 1.6$MPa 的阀门（包括 $PN \leqslant 1.6$MPa 的钢阀）。

②中压阀：公称压力 $2.5\text{MPa} \leqslant PN \leqslant 6.4$MPa 的阀门。

③高压阀：公称压力 $10.0\text{MPa} \leqslant PN \leqslant 80.0$MPa 的阀门。

④超高压阀：公称压力 $PN \geqslant 100.0$MPa 的阀门。

4）阀门的主要参数

PN 公称压力（允许流体通过的最大的压力）。

DN 公称直径（公称直径也称公称口径、公称通径）。

TN 温度范围（允许流体的温度范围）。

（2）常见阀门结构、工作原理

1）球阀

球阀与旋塞阀是同一类型阀门，只是其启闭件为带一通孔的球体，球体绕阀杆中心线旋转达到启闭目的。球阀在管路中主要用来做切断、分配和改变介质的流动方向。

①图示球阀的结构及实物，如图 2-13 所示。

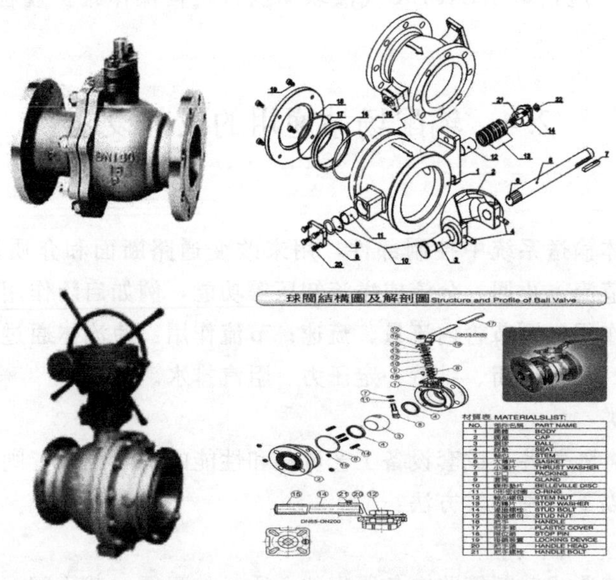

图 2-13　球阀结构及实物图

②安装

A. 取掉法兰端两边的保护盖，在阀完全打开的状态下进行冲洗清洁。阀门安装前必须进行外观检查，对于工作压力大于 1.0MPa 及在主干管上起到切断作用的阀门，安装前应进行强度和严密性能试验，合格后方准使用。强度试验时，试验压力为公称压力的1.5倍，持续时间不少于3h，阀门壳体、填料应无渗漏为合格。严密性试验时，试验压力为公称压力的1.1倍；试验压力在试验持续的时间应符合《阀门压力试验规程》Q/DJ 104.2—2005标准要求，以阀瓣密封面无渗漏为合格。

B. 准备与管道连接前，须冲洗和清除干净管道中残存的杂质（这些物质可能会损坏阀座和阀球）。

C. 在安装期间，请不要用阀的执行机构部分作为起重的吊装点，以避免损坏执行机构及附件。

D. 安装在管道的水平方向或垂直方向。

E. 安装点附近的管道不可有低垂或者承受外力的现象，可以用管道支架或者支撑物来消除管线的偏离。

F. 与管道连接后，请用规定的扭矩交叉锁紧法兰连接螺栓。

G. 当执行机构方向指示箭头与管线平行时，阀门为开启状态；指示箭头与管线垂直时，阀门为关闭状态。

③特点

阀门结构简单，工作可靠维修方便，用于双向流动介质的管路，流体阻力小，其阻力系数与同长度的管段相等。操作方便，开闭迅速，从全开到全关只要旋转90°，便于远距离的控制。球阀结构简单，密封圈一般都是活动的，拆卸更换都比较方便。在全开或全闭时，球体和阀座的密封面与介质隔离，介质通过时，不会引起阀门密封面的侵蚀。适用范围广，通径从小到几毫米，大到几米，从高真空至高压力都可应用。密封性好。然而缺点是介质易从阀杆部位泄漏。

④使用注意事项：

A. 带手柄阀门，手柄垂直于介质流动方向为关闭状态，与介质流动方向一致的为开启状态。

B. 当遇到阀门不能开启时，不能利用加长力臂的方法，强行开启阀门，因为这样会造成因阀杆受阻力较大与阀芯脱落，造成阀门损坏或造成扳手的损坏，从而造成不安全因素。

2）止回阀

止回阀是利用阀前后介质的压力差而自动启闭，控制介质单向流动的阀门，又称止逆阀或单向阀。止回阀按结构不同分为升降式（跳心式）和旋启式（摇极式）两种。燃气止回阀的主要特点是密封圈将止回阀的阀片开启角度从90°改为75°，使阀板向阀座形成一个自然压力，同时阀板外结构再加上可调节平衡锤，解决了声响问题；密封圈改用聚四氟乙烯改善了密封性能，杜绝了回气现象。

①图示

止回阀结构和实物，如图2-14所示。

②使用注意事项

注意阀门方向，箭头与介质流向一致，如介质易结晶可能造成阀片不能压下起不到止回的作用。

3）安全阀

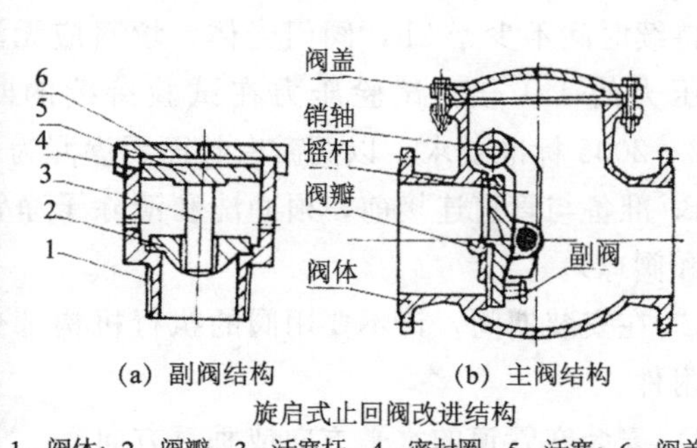

(a) 副阀结构　(b) 主阀结构

旋启式止回阀改进结构

1—阀体；2—阀瓣；3—活塞杆；4—密封圈；5—活塞；6—阀盖

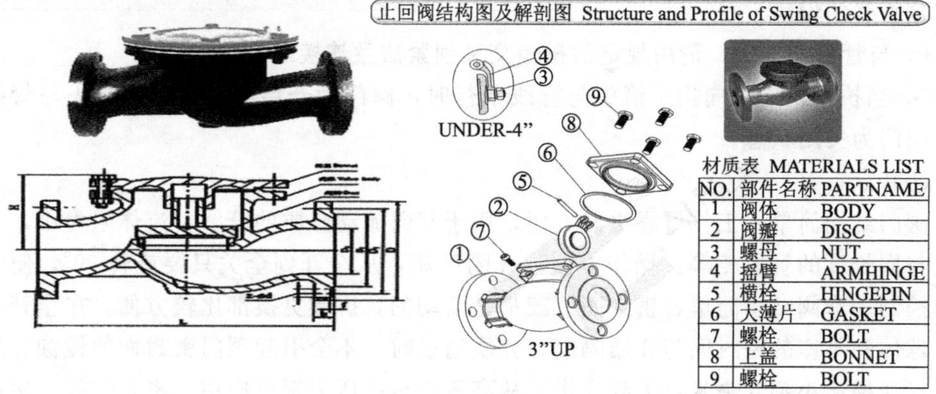

材质表 MATERIALS LIST

NO.	部件名称 PARTNAME	
1	阀体	BODY
2	阀瓣	DISC
3	螺母	NUT
4	摇臂	ARMHINGE
5	横栓	HINGEPIN
6	大薄片	GASKET
7	螺栓	BOLT
8	上盖	BONNET
9	螺栓	BOLT

图 2-14　止回阀结构和实物

安全阀是防止介质压力超过规定数值起安全作用的阀门，是根据介质压力自动启闭的阀门，当介质压力超过定值时，它能自动开启阀门排放卸压，使设备管路免遭破坏的危险，压力恢复正常后又能自动关闭。根据平衡内压的方式不同，安全阀分为杠杆重锤式和弹簧式两类。

①安全阀常用的术语

A. 开启压力：当介质压力上升到规定压力数值时，阀瓣便自动开启，介质迅速喷出，此时阀门进口处压力称为开启压力。

B. 排放压力；阀瓣开启后，如设备管路中的介质压力继续上升，阀瓣应全开，排放额定的介质排量，这时阀门进口处的压力称为排放压力。

C. 关闭压力：安全阀开启，排出了部分介质后，设备管路中的压力逐渐降低，当降低到小于工作压力的预定值时，阀瓣关闭，开启高度为零，介质停止流出。这时阀门进口处的压力称为关闭压力，又称回座压力。

D. 工作压力；设备正常工作中的介质压力称为工作压力，此时安全阀处于密封状态。

E. 排量：在排放介质阀瓣处于全开状态时，从阀门出口处测得的介质在单位时间内的排出量，称为阀的排量。

②使用注意事项

A. 安全阀使用必须在校验有效期内。

B. 管路、设备上安装的安全阀控制阀通常为截止阀，必须打开保证安全阀能有效工作。

C. 定期将阀盘稍稍抬起，用介质来吹涤阀内杂质。

D. 如安全阀不能在开启压力内工作，必须进行重新校验或更换。

4）阀门安装系统及使用（运行）

①阀门安装（阀门安装系统图，如图 2-15 所示）

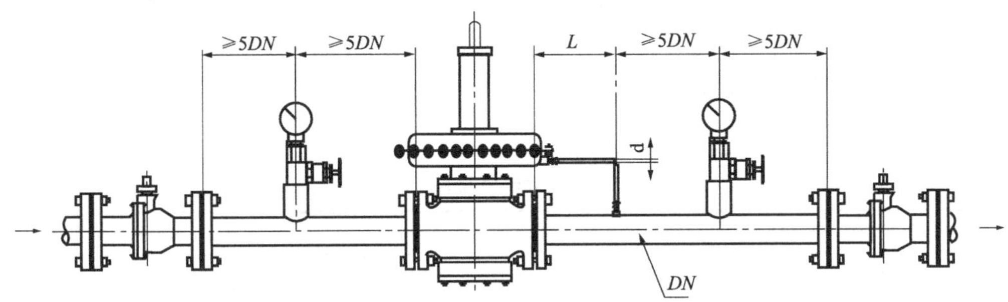

图 2-15 阀门安装系统图

注意：当调压器安装在管线上，若管线需要试压，一定要用盲板将调压器出口端封闭，否则将损坏调压器。

A. 安装前应仔细核对调压器技术参数与使用要求是否完全相符。

B. 检查调压器上的气流箭头是否与安装管线的气流方向一致。

C. 请参照主要结构尺寸和安装系统图来安装调压器。

②系统通气运行

A. 过滤流过调压器前的燃气（寒冷地区如条件需要应先将气体加热后调压）。

B. 稍微打开调压器后面管道上的球阀。

C. 慢慢地微启调压器前的进口球阀。

D. 用扳手慢慢旋动调节螺杆，使出口压力达到设定值（顺时针调节，出口压力升高，反之降低）。

E. 停留片刻待压力稳定。

F. 将调压器的进、出口球阀完全开启。

③出口压力设定

若用户需自行调节出口压力时，先取下护盖，松开圆螺母，用扳手慢慢旋动调压器的调节螺杆，使出口压力达到设定值（选择适当的调压弹簧，顺时针调节，出口压力升高；逆时针调节，出口压力降低）。

5）阀门的维护和维修

①阀门的维护

定期检查，建议对调压器进行定期维护检查，先缓慢关上出口端球阀，检查出口球阀至调压器间的密封情况，读出口压力表，出口压力应该升高，原因是受关闭回压的影响，但 1～2min 后，压力便稳定下来，如果压力仍然不断升高，即为密封不严，应进行维修。

②阀门的维修

A. 要点

维修前应先将调压器前后的球阀关闭，松开信号管两端的连接头以泄掉调压器内部压力。维修安装完后，用肥皂水检查所有连接密封部位。

B. 维修步骤

当气体介质中含有较重的焦油或萘时，应定期对调压器内部进行清洁。清洁阀瓣时，请先松开阀体与下膜盖之间几颗连接螺栓，并将膜盖和笼形阀、阀口、阀瓣整个部件取出。翻转整个部件，旋开阀瓣上的锁紧螺母，用煤油洗净内部污垢，晾干后涂上润滑脂。检查密封圈及密封垫是否已溶胀、老化，必要时应及时更换。根据气质使用情况，每 3～6 个月，对易溶胀或老化的橡胶件（如：阀瓣、平衡皮膜、O 型圈等）定期进行检查或更换，以保证供气的安全和正常使用。

③故障排除，见表 2-1

阀门的故障排除 **表 2-1**

故障现象	产生原因	排除方法
调压器出口压力降低	实际流量超过设计流量； 调压器内部杂质过多； 调压器调节弹簧损坏	重新选用匹配的调压器； 清洁调压器； 更换弹簧
调压器出口压力升高	膜片溶胀、老化或损坏； 阀口密封垫片溶胀、老化	更换溶胀的膜片； 更换溶胀的密封垫片
调压器不工作	调压器进口压力过低； 调压器的皮膜损坏	更换调压器的皮膜
调压器振动	取压管连接错位； 流量过低	正确连接取压管

2. 调压装置

燃气调压装置是在城镇燃气输配系统中，专为城市门站、分输站、储配站、燃气轮机、燃气锅炉、燃气发电厂或其他大型专用用户设计的成套调压设备。通常具有接收气源来气、燃气净化、燃气调压、气量分配、计量、安全保护等功能；采用整体橇装形式，所有功能模块集成于一个或多个橇座上如图 2-16。根据工程条件和系统需要，还可增设消声设备、加热设备、监控及数据采集设备、加臭装置、清管设备等功能模块。具有安全性好、可靠性高、经济性能良好、占地面积小、内部结构优化合理、安装调试简单、测试维修方便等特点。燃气调压装置应按我国现行国家标准《城镇燃气设计规范》GB 50028，《钢制压力容器》GB 150，《压力管道规范工业管道》GB/T 20801 等标准执行。

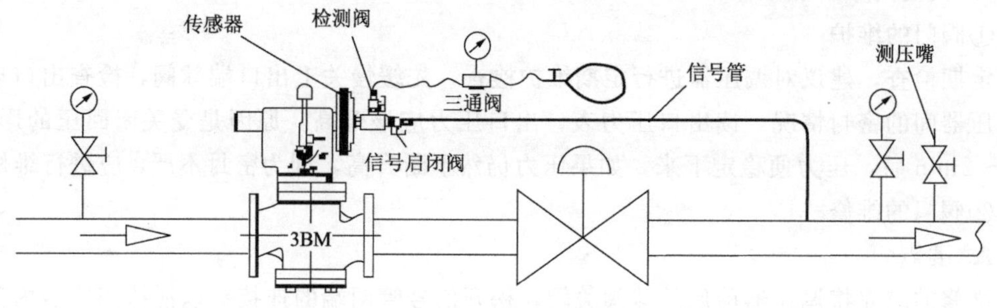

图 2-16 调压系统图

(1) 燃气调压装置的运行与调试

1) 空气置换

①空气置换方法

通常采用惰性气体间接置换法。先用惰性气体（通常使用氮气）置换燃气调压装置中的空气，置换时气体流速宜小于5m/s或按设计文件和操作规程要求。按照流程图上气体流动的路径，分别对各单元进行置换。在管道末端的放散管处进行放空。空气置换完成后，再按上述方法用燃气将惰性气体置换，用浓度检测仪在放散管的检测口检测燃气浓度，判断置换是否完成。

②置换过程中的注意事项

A. 氮气、燃气可令人窒息，置换过程中应随时检测氧含量。

B. 注意控制气体管道流速。

C. 燃气放空，应在四周做好浓度监控，杜绝火源。

D. 置换调压器管段时，调压器入口置换压力应不高于调压器的允许最高工作压力，调压器的出口置换压力应低于调压站的出口设定压力。

E. 做好置换应急预案，预防突发事件发生。

2) 运行前的准备

①检查安全切断阀、调压器、放散阀是否安装到位，包括主阀体和引压管的安装是否正确和通畅。

②运行前全站所有的管路截断阀门应处于关闭状态。

③通气前应关闭所有仪表根部阀，应打开所有信号管小球阀。

④确定流量计的润滑油已添加。

⑤注意事项：安装调试时，站内所有截断阀门（包括主管线球阀、放散根部阀、排污根部阀）都必须缓慢开启和关闭，以保护站内的设备及仪表。

3) 气密性试验

燃气调压装置在安装或维修完毕后，应进行整体气密性试验。

①试验条件：燃气调压装置进行气密性试验时，气体的温度不应低于5℃，保压过程中温度波动不应超过±5℃。

②试验介质：干燥、清洁压缩空气或惰性气体。

③试验压力：调压前的试验压力为设计压力，调压后的试验压力为防止出口压力过高的安全装置的动作压力的1.1倍，且不低于20kPa。

④试验方法：

进行气密性试验时，调压器前后管道的气密性试验应分别进行，分别向调压器前后管道内增压（调压器应处于关闭状态，并对调压器采取保护措施，使调压器不承压），若试验压力不大于0.8MPa时，可一次升压至试验压力；若试验压力大于0.8MPa时，应缓慢升压至试验压力的30%，检查各连接部位有无泄漏，合格后继续按试验压力的10%逐级升压，每级稳压3～10min，检查有无异常现象。至试验压力的60%时，再检查各连接部位有无泄漏，合格后继续按试验压力的10%逐级升压至试验压力，每级稳压3～10min，检查有无异常现象。管内压力升至气密性试验压力后，用检漏液对所有焊接接头和连接部位进行检查。经检查无泄漏，再保压不少于60min，压力应无泄漏，试验过程中温度如有波动，则压力经温度修正后不应变化。

⑤注意事项：调压器出口端到调压器最近阀门的管道按最高出口压力进行气密性试验，当该管段气密性试验压力大于最高出口压力时，调压器应处于关闭，并对调压器采取保护措施，使调压器不承压，否则会损坏调压器内部零件。

⑥严禁采用酸性或碱性洗洁剂作为检漏液，宜采用中性新鲜肥皂液作为检漏液。

4）调试运行程序

燃气调压装置的调试、维护和抢修及专职安全管理人员必须是经过专业技术培训，对燃气调压系统及设备较熟悉的专业人员，天然气调压系统如图 2-17 所示。

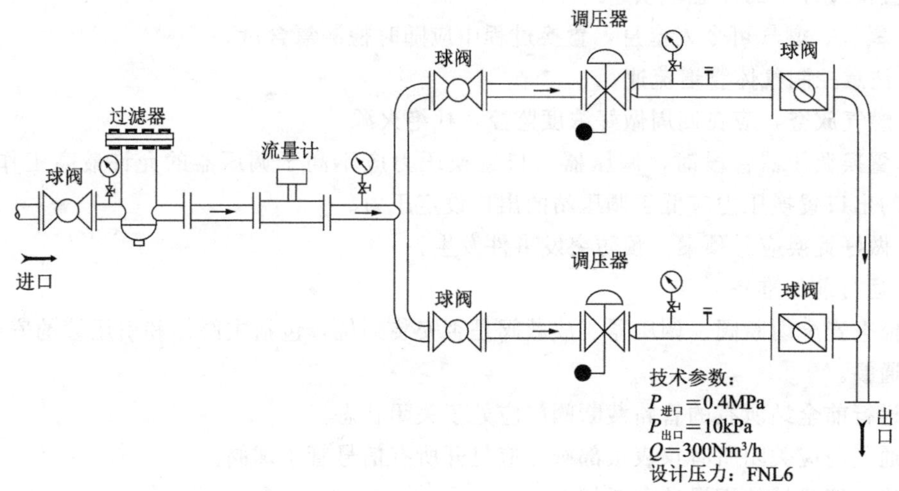

图 2-17　天然气调压系统图

①进站单元

A. 缓慢打开进站球阀，如果该球阀有旁通阀，先开旁通阀，再开球阀。

B. 略微开启进站单元的压力表的根部阀，观察气体压力情况，待压力稳定后再完全开启。

②过滤单元

A. 缓慢开启过滤器前球阀。

B. 缓慢开启差压计根部阀。若过滤器配置有压差变送器，调试运行前确认三阀组的三个阀门全部关闭，运行时首先开启中间阀门，然后开启两端阀门，再关闭中间阀门。

C. 缓慢打开过滤器下的排污阀组，排出杂质。

D. 缓慢打开过滤器后球阀。

E. 其他支路分别按上述步骤进行操作。

③计量单元

A. 流量计在使用前应按流量计使用说明书中要求设置参数。流量计工作时应避免液相介质混入影响计量精度。流量计的详细使用方法参见流量计使用说明书。

B. 如有旁通管路，先开旁通管路，开启速度一定要缓慢。

C. 缓慢开启流量计前阀门，防止气流冲击流量计，造成流量计损坏。

D. 缓慢略微开启流量计后阀门，测试流量计是否正常运行。

E. 缓慢打开流量计后阀门。

F. 如果有不同规格的流量管路，为防止流量计超载，流速过高损坏流量计，应先开大规格流量计管路，再开小规格流量计管路，进入正常使用后，再根据实际情况选择合适的流量计管路工作。

G. 其他支路分别按上述步骤进行操作。

H. 调试完毕后关闭旁通路阀门。

④调压单元

A. 检查信号管小球阀是否全部打开。

B. 打开调压管路上压力表根部阀，若采用的是低压膜盒表，则应略开启压力表根部阀。

C. 缓慢地略微开启调压器前阀门导入前压力。

D. 稍微打开调压器后阀门或适度打开调压器后的小排气球阀。

E. 确认切断阀处于开启状态。

F. 当气流稳定后关闭小排气球阀，完全开启出口压力表，缓慢将调压器前后阀门全部打开，观察进口压力变化时，出口压力值均在设定范围内。

G. 其他支路分别按上述步骤进行操作。备用路调压器设定压力略低于主路，备用路切断压力略高于主路切断压力。

H. 应先调试出口压力设定点低的调压支路，再调试出口压力设定点高的调压支路，即先调试备用路，再调试工作路。

⑤放散单元

确认安全阀前球阀处于全开启状态。由于安全阀的设定压力在设备出厂时已调整好并铅封，一般现场不需作调试。

⑥出站单元

为防止流速过大，损坏流量计，缓慢打开出站阀门。如果该球阀有旁通阀，先开旁通阀，再开球阀。

⑦远程仪表的设定及调试

打开远传仪表下面的根部阀，进行远程仪表的设定及调试。

⑧进行加臭系统的设定和调试

打开加臭装置与主管道的连通阀门，检查加臭剂和加臭泵的润滑油是否处于正常液位，检查加臭机的控制系统及各项参数是否正常，加臭剂浓度应符合现行国家标准的有关规定，然后将加臭机切换到工作状态。

（2）调压器参数设定

1）超压切断压力设定

当用户调整了出口压力后，应相应调整切断阀的动作压力。其动作压力应以保证下游设备安全为准。调整切断阀动作压力时，应缓慢调节切断压力设定弹簧至要求的设定值，缓慢升压至切断阀启动，重复操作三遍，检查切断压力是否与设定值相符。

检查切断压力的方法如下：

方法1：关闭调压后阀门，开启切断阀，缓慢略微开启调压前阀门，直接利用管线气体的压力，缓慢升高调压器出口压力，直至切断阀启动，检查此时压力表读数是否与设定值相符，应重复检查三遍。再次测试前应先排掉调压后管高压。如果调压器出口压力不能调至切断压力，请按方法2进行操作。

方法2：如图2-17所示，图中开启切断阀，关闭信号启闭阀，打开检测阀，利用其他气体（如氮气等），缓慢均匀地向切断阀传感器腔内充入气体，直至切断。阀启动，检查此时压力表读数是否相符，应重复检查三遍。

2）切断阀的复位操作

当管网压力冲击或调压器故障时，出口压力升高至切断压力时，安全切断阀则会自动切断气源，以保证下游管道和设备的安全。安全切断阀自动切断后需人工进行复位操作。

①查找导致切断的原因并排除故障。

②关闭调压装置的所有的出口阀门及出口端压力表（微压力表适用）下针型阀。

③缓慢略微开启调压器前阀门导入前压力。

④稍微打开调压器后阀门或打开调压器后直管上的检测阀门。

⑤缓慢拉动人工复位手柄，此时有气流通过的声音（若继续拉动手柄感觉很吃力，则停止拉动手柄），同时观察整个系统是否正常；若不正常，请关闭前后阀门排空所有气体再次查找原因；若正常则进入下一步。

⑥等气流声音变缓（若气流声音一直未变缓则需适度关小后阀门或测压嘴）并且感觉拉动手柄很轻松时，此时切断阀上下游压力达到平衡状态，继续拉动手柄复位上扣，将手松开。

⑦对于高压大口径的切断阀，可能设置有切断阀外旁通；有切断阀外旁通的切断阀复位操作时，先开启外旁通阀，待切断阀上下游压力达到平衡状态，再按⑤和⑥步骤拉动手柄进行复位操作。切断阀复位后，关闭外旁通阀。

⑧缓慢开启进、出口阀门，如开启得过快切断阀可能再次被切断，切忌在调压器前后阀门都完全开启的状态下或/和未经平衡过程直接开启切断阀。

3）调压器出口压力设定

调压器出厂时均按用户提供参数或设计要求设定其额定出口压力。若需改变调压器的出口压力，操作如下：

①关闭调压器后阀门，关闭出口压力表。

②打开调压器后直管上的检测阀门。

③缓慢地略微开启调压器前阀门，压力稳定后开启出口压力表，转动调节螺杆，顺时针为增压，逆时针为减压。调整完毕后关闭检测阀门。

注：升压调节时，关闭检测阀门后若出口压力一直上升，则调压器产生直通，此时应立即打开检测阀门泄压，并更换合适的调压器弹簧。

④缓慢打开调压器后阀门。

4）调压器关闭压力值检查

①缓慢关闭调压器后阀门。

②当流量等于零或出口压力稳定时读取出口压力值，即为调压器的关闭压力。

注：若关闭压力过高，则可能关闭调压后阀门太快或出现故障。

5）主路与副路自动切换的压力设定

在调压装置中，为保证连续安全的供气，在一套调压装置中常设置有双路或多路调压管线，一路或多路作为工作管路（简称主路）为下游用户供气，一路为备用管路（简称副路）。它们的设备配置基本相同，由于主副路出口压力设定值不同（主路出口压力高，副路出口压力低），当进站压力不足或超常负荷时，主路调压器运行压力将降低，当主路压力下降到副路设定的运行压力时，副路调压器自动打开以维持下游压力稳定。另外主副切断压力设定不同（主路切断压力低，副路切断压力高），当主路调压器在运行或关闭时出现故障而使出口压力升高，当出口压力升高达到主路切断压力时，主路切断阀切断。出口压力下降，当下降到副路设定压力时副路打开，此时即保证了系统连续供气以保证了出口压力稳定。

调压装置中同条调压路中的调压器出口压力设定值不同（监控调压器出口压力设定值高于工作调压器出口压力设定值）。

调压装置中每条调压路之间的调压器出口压力设定值不同（主路工作调压器出口压力设定值高于副路工作调压器出口压力设定值）。

调压装置中每条调压路的切断阀切断压力设定值不同（主路切断阀切断压力设定值低于副路切断阀切断压力设定值）。

6）主路与副路的人工切换方法

为确保主副路调压器始终保持正常状态，应定期对调压装置的主副路进行人工切换（建议切换周期不超过 6 个月）。切换方法如下：

①副路切换为主路

A. 缓慢关闭副路调压后阀门。

B. 将副路切断压力调至原主路切断压力值。

C. 将副路调压器出口压力升至原主路调压器出口压力。

D. 缓慢开启副路调压后阀门，缓慢关闭原主路调压后阀门，精调原副路出口压力至需要的大小。此时完成了副路切换为主路的工作。注意将主副路的标识进行调换。

②主路切换为副路

A. 缓慢关闭原主路调压后阀门。

B. 将原主路切断压力降至原副路切断压力值。

C. 将原主路调压器出口压力调至原副路调压器出口压力。

D. 缓慢开启原主路调压后阀门，缓慢关闭原副路调压后阀门，精调原主路出口压力至需要的大小。此时完成了主路切换为副路的工作。

E. 缓慢开启原副路调压后阀门，完成主副路人工切换。

（3）停机的操作程序

1）长期停运

当燃气调压装置停止使用时，可按下述过程进行：

首先，关闭进站阀门，待压力下降至调压器前后压力平衡时关闭各出口阀门。

然后，打开各处放空阀，将站内残余气体放净；打开过滤器和各汇管上的排污阀，将残余液体排干净，并打开过滤器盖板清理滤芯。

最后，将微压表、压差表拆下用纸盒保存。仪表阀、放空阀和排污阀等直通大气的阀门在燃气调压装置停用期间应关闭。

当调压支路需中断使用时，可关闭其支路进口阀门，待该路压力下降至前后压力平衡时，关闭支路出口阀门。然后，打开该路管线上的放空阀，将残余气体放净。

2）紧急停运

直接关闭出口和进口阀门，打开放空阀将站内气体放净。然后按步骤一中所述排净残留液体，处理故障。

3）长期停用后重新启用时应按本章内容重新置换和调试。

（4）常见故障分析与排除如表 2-2 所示。

常见故障分析与排除 **表 2-2**

故障设备	故障现象	产生原因	排除方法
调压器	调压器不工作	1. 切断阀已切断； 2. 进、出口压差过小； 3. 调压器或指挥器的薄膜损坏	1. 按切断阀的复位方法操作； 2. 检查进、出口压力； 3. 更换调压器或指挥器的薄膜
	调压器出口压力降低	1. 实际流量超过调压器的设计流量； 2. 过滤器堵塞导致调压器进口压力降低； 3. 进口压力过低； 4. 调压器内部杂质过多，有卡阻现象	1. 选用适合的调压器； 2. 清洗或更换过滤器滤芯； 3. 检查管网压力； 4. 清洗调压器内部
	调压器关闭压力升高	调压器或指挥器的密封元件溶胀、老化或有杂质	清理杂质或更换密封元件
	调压器响应速度慢	调压器内活动部件不灵活	清理调压器内部组件，更换已磨损或变形的零件
	调压器出口压力波动	流量过低或调压器前端管线压力波动过大	前端管线压力波动过大时，请与运行管理部门联系
切断阀	切断后切断阀关闭不严	切断阀密封元件溶胀、老化或有杂质	清理杂质或更换密封元件
	切断阀不能复位	1. 引起切断的原因未排除； 2. 后压过高	1. 排除原因； 2. 降低后压
	切断阀不动作	1. 传感器膜片破裂； 2. 信号管有泄漏； 3. 信号管堵塞； 4. 切断设定值不合适	1. 更换膜片； 2. 密封漏点； 3. 确认信号管小球阀是否打开或清洁信号管道； 4. 重新设定
	切断压力不稳定	1. 弹簧设定值不对； 2. 脱扣机构中各锁紧螺母未锁紧	1. 重新设定； 2. 重新锁紧
过滤器	过滤器压损大	滤芯内杂质多，滤芯堵塞	排污并清洗或更换滤芯

续表

故障设备	故障现象	产生原因	排除方法
流量计	流量计不计量	无流量或流量低于始动流量	调整流量达到规定范围内
	流量计有异常响声和噪声	流量过大，超过规定的范围	调整流量达到规定范围内
	流量计计量误差大	1. 流量计选型不当（大表测小流量）； 2. 旁路有渗漏	1. 选择量程合适的流量计； 2. 关紧旁通阀门，系统检漏
	流量计显示不正常	1. 死机； 2. 线路故障	1. 按复位键； 2. 检查线路
压力表	压力表失灵	1. 表前压力偏高，以致压力表损坏； 2. 压力表故障	1. 更换压力表； 2. 更换压力表或通知专业人员维修
安全阀	安全阀排气	1. 出口压力偏高，达到放散压力； 2. 放散设定值不合适 3. 放散阀故障	1. 排查调压器压力升高故障； 2. 联系专业厂家重新设定； 3. 联系专业人员维修

（5）燃气调压装置的维修保养

燃气调压装置的维修分为故障维修和定期维修：

1）故障维修：指设备出现异常情况或在保养检查时发现故障时所进行的维修称故障维修，燃气设备发生故障时，需立即检查维修。

2）定期维修：是指根据用户使用设备的具体情况，确认维修周期后按时进行的无故障维修，定期维修通常分为首次运行一周后首检、月检、季度巡检、中修和大修。定期维修的周期应视具体情况调整并明确检查维护周期，检查维护周期与下列因素有关：

①所输送的燃气性质及燃气组份有关。

②上游管道的清洁状况和清洁程度有关。

③燃气调压装置常规维护的周期有关。

④用户对燃气调压装置的安全、可靠性要求有关。

⑤与各用户对设备的使用要求有关。

3）检修周期及维修程序如下表 2-3 所示

燃气调压装置检修周期及维修程序 **表 2-3**

建议检修周期		维修程序
A. 首次运行一周后首检	首次运行一周（首检）	1. 检测调压装置有无外泄漏； 2. 检查过滤器差压，及时排污和进行滤芯的清洗或更换； 3. 调压器出口压力检查
B. 月检	一个月（月检）	1. 检测调压装置有无外泄漏； 2. 检查过滤器差压，及时排污和进行滤芯的清洗或更换； 3. 检视流量计润滑油（液位）分量； 4. 检视各调压器的设定压力； 5. 检查切断阀的切断灵活性和切断后的严密性； 6. 检视现场仪表读数与变送器操作状态； 7. 其他一般操作状况与外观检视，检查调压装置有无外力损坏

续表

建议检修周期		维修程序
C. 季度巡检	3～6个月 （季度巡检）	1. 检测调压装置有无外泄漏； 2. 检查过滤器差压，及时排污和进行滤芯的清洗或更换； 3. 流量计的外观及性能对比检查，检视流量计润滑油（液位）分量，对需要加油的流量计进行定量加油操作； 4. 检查各调压器的关闭压力、设定压力是否正常，对异常的调压器需进行维护； 5. 对切断阀切断后的严密性、切断过程中的灵活性、切断压力的设定压力进行检测和维护； 6. 安全阀设定压力及回座压力进行检测； 7. 对双路调压站进行主副路调压器的切换，保证设备正常运行，安全、平稳、持续的供应燃气； 8. 检查系统中阀门是否有泄漏和损坏现象，对阀门进行启闭性操作，检查开关灵活性； 9. 检查站内现场仪表读数，电气仪表线路、操作状态与信号传送是否正常； 10. 检测电动执行机构工作是否正常，检查远程信号传送状态； 11. 其他一般操作状况与外观检视，检查调压装置有无外力损坏； 12. 及时清除工艺管道及设备表面的油污，锈斑等，不得有腐蚀和损伤； 13. 对接地电阻进行检测，其接地电阻值应符合设计要求； 14. 有加臭装置的，应检查储液罐内加臭剂的储量，检查其控制系统及各参数是否正常，检查加臭泵的润滑油分量
D. 中修	间距1.5～2年 （中修）	1. 检测调压装置有无外泄漏； 2. 检查过滤器差压，及时排污和进行滤芯的清洗或更换； 3. 对需要加油的流量计进行定量加油操作，流量计维护，并按有关标准定期进行标定校验； 4. 清洁、更换调压器中的密封橡胶件以及损坏的零部件，并重新调试； 5. 检查切断阀中的所有橡胶密封件和关键部位非金属件，并重新调试； 6. 安全阀维护，并按有关标准定期进行标定校验； 7. 对阀门进行清洁保养，对传动机构进行润滑，对有泄漏或损坏的阀门进行维修或更换； 8. 压力仪表的校验及维修； 9. 电气仪表线路的检查、更换；电气仪表数据的对比检查；仪器仪表应按有关标准定期进行检定和校准； 10. 检测电动执行机构工作是否正常，检查远程信号传送状态； 11. 其他操作状况与外观检视，检查调压装置有无外力损坏； 12. 工艺管道及设备的除锈补漆处理； 13. 维修后调压装置的整体气密性试验

续表

建议检修周期		维修程序
E. 大修	间距 2.5～3 年（大修）	1. 检测调压装置有无外泄漏； 2. 清洁、更换过滤器滤芯、更换过滤器密封件，清洁压差计及压差计管道； 3. 流量计维护，并按有关标准定期进行标定校验； 4. 更换调压器中所有橡胶件和已损坏的非金属零部件，并重新调试； 5. 更换切断阀中所有橡胶密封件和已损坏的非金属件零部件，并重新调试； 6. 安全阀维护，并按有关标准定期进行标定校验； 7. 对阀门进行清洁保养，对传动机构进行润滑、对有外漏或内漏却无法维修的阀门进行更换； 8. 压力仪表的校验、维修及更换； 9. 电气仪表线路的检查、更换；电气仪表数据的对比检查、必要时对仪表进行更换； 10. 检测电动执行机构工作是否正常，检查远程信号传送状态； 11. 其他操作状况与外观检视，检查调压装置有无外力损坏； 12. 工艺管道及设备的除锈补漆处理； 13. 维修后调压装置的整体气密性试验

4）维护保养中的注意事项

①维护保养燃气调压装置时，应先检查有无燃气泄漏。

②维护保养的拆卸过程中务必先关闭阀门，完全泄压后再进行拆卸。

③所有作业人员在现场应穿戴防护用品，按规程操作。

④过滤器滤芯更换时注意预防硫化铁粉末自燃，对有毒气体打开过滤器盖板后应待气体散尽后方可更换作业。

⑤调压器拆装时注意避免阀口损伤。

⑥维修总装完毕后，应检查各活动部件能否灵活动作，再进行气密性试验、调压器关闭压力检查、设定值检查，合格后才能重新使用。

⑦维修电气设备时，应切断电源。不得带电进行仪器、仪表及设备的维护和检修。

⑧维护作业中应将工具放于安全的位置，预防伤人。

⑨维护作业中严禁产生火花。

⑩燃气调压装置中的压力容器的使用管理和定期检验按照《压力容器安全技术监察规程》的有关规定。

调压装置运行管理部门应根据气质和使用情况，调整并明确检查维护周期，及时对设备密封件进行检查、更换，以保证安全、正常供气。

2.5 燃气输配场站设计规范

门站、储配站的总平面应分区布置，一般可分为罐区、加压设备、调压计量装置、净化、加臭以及生产后勤和生活区。罐区、加压机房、调压计量室、加臭间均属于甲类生产场所，生产后勤和生活区按民用建筑考虑。在符合建筑防火间距要求的前提下，应有效利用土地，布置要紧凑，为保证安全和便于管理，全站应设两个出入口。

1. 罐区布置

(1) 门站、储配站采用低压储气罐时，罐区一般布置在站的出入口的另一侧，储气罐以设在加压机房北侧为宜；

(2) 罐区宜设在站区全年最小频率风向的上风侧，锅炉房应设在罐区的全年最小频率风向的上风侧；

(3) 罐区周围应有消防通道；

(4) 罐区的布置应留有增建储气罐的可能，并应与规划等部门商定预留罐区的后续征地地带；

(5) 储气罐或罐区与站内和站外其他建、构筑物防火间距应不小于表 2-4～表 2-6 中规定。

储气罐与站内的建、构筑物的防火间距（m） 表 2-4

防火间距（m）	储气罐总容积/m³				
	＜1000	＞1000～10000	＞10000～50000	＞50000～200000	＞200000
明火、散发火花地点	20	25	30	35	40
调压间、压缩机间、计量间	10	12	15	20	25
控制室、配电间、汽车库等辅助建筑	12	15	20	25	30
机修间、燃气锅炉房	15	20	25	30	35
综合办公生活建筑	18	20	25	30	35
消防泵房、消防水池取水口	20				
站内道路（路边）	10	10	10	10	10
围墙	15	15	15	15	18

注：①低压湿式储气罐与站内的建、构筑物的防火间距，应按本表确定；

②低压干式储气罐与站内的建、构筑物的防火间距，当可燃气体的密度比空气大时，应按本表增加 25%；小或等于空气时，可按本表确定；

③固定容积储气罐与站内的建、构筑物的防火间距应按本表的规定执行。总容积按其几何容积（m³）和设计压力（绝对压力，100kPa）的乘积计算；

④低压湿式或干式储气罐的水封室、油泵房和电梯间等附属设施与该储罐的间距按工艺要求确定；

⑤露天燃气工艺装置与储气罐的间距按工艺要求确定。

室外变、配电站与湿式罐的防火间距 表 2-5

项　目	储罐总容积/m³			
	≤1000	1001～10000	10001～50000	＞50000
防火间距/m	25	30	35	40

注：① 防火间距从距建筑物、堆场、储罐最近的变压器外壁算起，但室外变配电构架距堆场、储罐和甲、乙类厂房库房不宜小于 25m，距其他建筑物不宜小于 10m。

② 室外变配电站与干式储气罐的防火间距按表中数据增加 25%。

可燃、助燃气体储罐与铁路、道路的防火间距（m）　　表 2-6

名　称	场外铁路线（中心线）	场内铁路线（中心线）	场外道路（路边）	场内道路（路边）	
				主要	次要
可燃、助燃气体储罐	25	20	15	10	5

注：本表所列储罐与电力牵引机车的铁路线防火间距可适当减少，但与厂内铁路线不应小于 15m，与厂外铁路线不应小于 20m（散发比空气重的可燃气体的储罐和库房除外）。

（6）储气罐或罐区之间防火间距应符合下列要求：

1）湿式储气罐之间、干式罐之间、干式罐与湿式罐之间的防火间距，应等于或大于相邻较大罐的半径。

2）固定容积储气罐之间的防火间距，应大于相邻较大罐直径的 2/3。

3）固定容积储气罐与湿式储气罐或干式储气罐之间的防火间距，应大于相邻较大罐的半径。

4）数个固定容积储气罐总容积大于 $20\times104m^3$ 时应分组布置。组与组之间的防火间距，卧式储气罐不应小于相邻较大罐的长度的一半，球形储气罐不应小于相邻较大罐的直径，且不小于 20m。

5）储气罐与液化石油气储罐的防火间距应符合现行国家标准《建筑设计防火规范》GB 50016 的有关规定。

高压储罐区内的集中放散装置与站内外建、构筑物的最小安全间距列于表 2-7、表 2-8。

集中放散装置的放散管与站外建、构筑物的防火间距　　表 2-7

项　目	防火间距/m	项　目		防火间距/m
明火或散发火花地点	30	公路用地界（路边）	高速、Ⅰ、Ⅱ级城市快速	15
民用建筑	25		其他	10
甲乙类液体储罐、易燃材料堆场	25	架空电力线（中心线）	＞380V	2.0 倍杆高
室外变、配电站	30		≤380V	1.5 倍杆高
甲乙类物品库房、甲乙类生产厂房	25	架空通信线（中心线）	国家Ⅰ、Ⅱ级	1.5 倍杆高
其他厂房	20		其他	1.5 倍杆高
铁路（中心线）	40			

集中放散装置的放散管与站内建、构筑物的防火间距　　表 2-8

项　目	防火间距/m	项　目	防火间距/m
明火或散发火花地点	30	控制室、配电间、汽车库、机修间和其他辅助建筑	25
综合办公生活建筑	25	燃气锅炉房	25
可燃气体储气罐	20	消防泵房、消防水池取水口	20

续表

项　目	防火间距/m	项　目	防火间距/m
室外变配电站	30	站内道路（路边）	2
调压间、压缩机间、计量间及工艺装置区	20	站内围墙	2

2. 加压机房、计量间及变、配电间

(1) 加压机房与储气罐的防火间距应符合表 2-9 的规定，与其他建、构筑物的防火间距不应小于表 2-9 的规定。

(2) 变、配电间与加压机房可分开单独设置，但应尽可能合建为一座建筑物。

(3) 加压机房的位置应尽量靠近储气罐，并应考虑便于管路连接。

(4) 加压机房位置一般应设在储罐的阳面。

(5) 水泵房应靠近消防水池，消防水池的位置应能使消防车靠近，便于直接取水。

加压机房与其他建、构筑物防火间距　　表 2-9

名　称	防火间距/m	名　称	防火间距/m
民用建筑	25	锅炉房	30
明火或散发火花地点	30	泵房	25
计量间	12	消防水池	25
混气间	12	库房	12
室外变、配电站	25	办公楼	25
其他建筑	耐火等级	一、二级	12
		三级	14
		四级	16
站外铁路线（中心）			30
站外道路（路边）			15
站内道路		主要（路边）	10
		次要（路边）	5
架空电力线			电杆高的 1.5 倍

注：① 除其他建筑外，其余建筑物均为一、二级耐火等级；

② 防火间距应按相邻建筑物外墙的最近距离计算。如外墙有凸出的易燃构件，则应从其凸出部分外缘算起。

3. 低压湿式储气罐

湿式储气罐又称水槽式储气罐，属于低压储气罐，主要由水槽、塔节和钟罩组成。储气罐随燃气进出而升降。按升降方式不同，可分为直立式和螺旋式两种。直立式低压湿式储气罐由水槽、钟罩、塔节、水封、顶架、导轨立柱、导轮、配重及防真空装置等组成。

螺旋式低压湿式储气罐设有导轨立柱，罐体靠安装在侧板上的导轨与安装在平台上的导轮相对滑动产生缓慢旋转而上升或下降。

螺旋式低压湿式储气罐和直立式低压湿式储气罐相比较，前者可节约钢材 15%～

30%，但不能承受强烈风压，故在风速太大的地区不宜采用。

低压湿式储气罐的技术经济指标见表 2-10。

低压湿式储气罐技术经济指标 **表 2-10**

公称容积 m^3	有效容积 m^3	形式	单位耗钢 /（kg/m^3）	压力/Pa	几何尺寸/m				塔节/m
					节数	全高	水池直径	水池高	
600	630	直立式、混凝土水池、桩基	57.51	1960	1	14.5	17.48	7.4	$D=10.68$ $H=7.14$
5000	6050	螺旋式	32.9	无配重 1520/2200 有配重 3480/4000	2	23.47	25.00	8.02	$D_1=24$ $H_1-6.95$
6000	6100	直立式、钢水池、混凝土基础	32.39	1580	1	24.0	26.88	11.8	$D=26.1$ $H=11.45$
10000	10100	直立式、钢水池、桩基	28.35	1270 1880	2	29.5	27.93	9.8	$D_1=27.01$ $H_1=9.4$ $D_2=26.1$ $H_2=9.4$
10000	10825	螺旋式	19.97	无配重 1460/2300/2830 有配重 2810/3550/4000	2	30.67	30.00	8.02	$D_1=29$ $H_1=6.95$ $D_2=28$ $H_2=6.95$ $D_3=27$ $H_3=6.95$
20000	23367	螺旋式	19.53	无配重 1250/1850/2250 有配重 2100/2600/3000	3	31.67	39.1	8.02	$D_1=38.2$ $H_1=7.05$ $D_2=37.3$ $H_2=7.05$ $D_3=36.4$ $H_3=7.05$
30000	29200	螺旋式	15.95	1200/1850/2300	3	34.32	42.0	8.62	$D_1=41$ $H_1=7.7$ $D_2=40$ $H_2=7.7$ $D_3=39$ $H_3=7.7$
50000	53570	螺旋式	14.71	1240/1810/2350/2720	4	42.58	50.0	8.52	$D_1=49$ $H_1=7.55$ $D_2=48$ $H_2=7.55$ $D_3=47$ $H_3=7.55$

续表

公称容积 m^3	有效容积 m^3	形　式	单位耗钢 /（kg/m^3）	压力/Pa	几何尺寸/m				塔节/m
					节数	全高	水池直径	水池高	
75000	72800	螺旋式	13.36	1250/1780/2280/2650	4	47.22	58.0	9.32	$D_1=57$ $H_1=8.35$ $D_2=56$ $H_2=8.35$ $D_3=55$ $H_3=8.35$ $D_4=54$ $H_4=8.35$
100000	106110	螺旋式	11.62	1180/1620/2040/2400	4	50.30	64.0	9.8	$D_1=63$ $H_1=8.875$ $D_2=62$ $H_2=8.875$ $D_3=61$ $H_3=8.875$ $D_4=60$ $H_4=8.875$
150000	166000	螺旋式	9.14	1060/1530/2000/2450/2800	5	68.03	67	11.28	$D_1=66$ $H_1=8.875$ $D_2=65$ $H_2=8.875$ $D_3=64$ $H_3=8.875$ $D_4=63$ $H_4=8.875$ $D_5=62$ $H_5=8.875$
200000	206750	螺旋式	9.26	1200/1580/1960/2330/2640	5	60.425	80	9.5	$D_1=79$ $H_1=10.35$ $D_2=78$ $H_2=10.35$ $D_3=77$ $H_3=10.35$ $D_4=76$ $H_4=10.35$ $D_5=75$ $H_5=10.35$

续表

公称容积 m^3	有效容积 m^3	形　式	单位耗钢 / (kg/m³)	压力/Pa	几何尺寸/m				塔节/m
					节数	全高	水池直径	水池高	
250000	256130	螺旋式	—	—	5	73.25	80	12	$D_1=79$ $H_1=11$ $D_2=78$ $H_2=11$ $D_3=77$ $H_3=11$ $D_4=76$ $H_4=11$ $D_5=75$ $H_5=11$
300000	304300	螺旋式	—	—	5	85.25	80.5	14	$D_1=79.4$ $H_1=13$ $D_2=78.3$ $H_2=13$ $D_3=77.2$ $H_3=13$ $D_4=76.1$ $H_4=13$ $D_5=75.0$ $H_5=13$
350000	353430	螺旋式	—	—	5	85.75	86.5	14	$D_1=85.4$ $H_1=13$ $D_2=84.3$ $H_2=13$ $D_3=83.2$ $H_3=13$ $D_4=82.1$ $H_4=13$ $D_5=81.0$ $H_5=13$

4. 低压干式储气罐

低压干式储气罐分为曼型、可隆型、威金斯型，它是一种压力基本稳定的低压储气设备。它是在低压湿式储气罐的基础上发展起来的。

低压干式储气罐的外形有多角形和圆柱形两种。罐筒由钢板焊接或铆接而成，筒内装有一个可以移动的活塞，其直径和罐筒内径相等。为了使活塞上下移动稳定，设有导架装置。进气时活塞上升，用气时活塞下降，借助活塞本身的重量把燃气压出。由于造成燃气压力的设备是活塞，故输出气体的压力是稳定的。三种低压干式储气罐的主要区别见表2-11。

三种低压干式储气罐的主要区别　　表2-11

类　型	曼　型	可隆型	威金斯型
外形	正多边形	正圆形	正圆形
密封方式	稀油密封	干油密封	橡胶夹布帘密封
活塞形式	平板木行架	拱顶	T型挡板
最大储气压力/Pa	6400	8500	6000

干式储气罐与湿式储气罐比较具有下列优点：

(1) 在容积较大时，金属消耗和投资少，见表2-12。

(2) 作用于土壤上的压力较小、占地面积也较小。

(3) 不采用水封密封故冬季不用保温，经营管理费用少。

(4) 运行压力基本不变化，比湿式罐运行压力稳定。

(5) 在相同大气温度下，罐内气体湿度变化较小。

(6) 有可能在不停止罐工作条件下增加储气容积。

干式和湿式储气罐金属耗量比较　　表2-12

几何容积/m^3	湿式罐		干式罐金属耗量/（kg/m^3）
	塔节个数/个	金属耗量/（kg/m^3）	
300	1	89.0	119.0
1000	1	65.0	80.0
2200	2	48.0	55.0
10000	2	28.5	27.5
20000	3	23.6	20.3
50000	3	19.4	14.2
75000	4	17.4	12.0
200000	4	15.4	8.4

干式储气罐存在以下缺点：

(1) 储存湿燃气时，冬季在罐壁上水蒸气凝结容易结冰，影响活塞上下移动。

(2) 活塞与罐壁之间密封不可能绝对严密，故活塞顶部空间容易存在易爆炸的混合气体。

(3) 加工和安装要求和精确度大大超过湿式储气罐，施工较复杂。

5. 高压储罐

湿式与干式罐均为低压储气罐，储存压力为1060～8500Pa。当燃气以较高压力送入城镇时，采用低压储存从技术、经济角度看均不合理，应采用高压储罐进行高压储存的方式。

高压储气罐中燃气的储存原理与低压储气罐不同，其几何容积固定不变，靠改变其中燃气的压力来储存燃气，故称定容储罐。由于定容储罐没有活动部分，因此结构比较简单。定容储罐可以储存气态燃气，也可储存液态燃气。根据储存的介质不同，储罐设有不同的附件，但所有燃气储罐均设有进出口管、安全阀、压力表、人孔、梯子和平台等。

燃气高压储罐属于压力容器，因此应按压力容器的有关规定、规范进行设计、制作与运行管理。

高压燃气储罐按其形状可分为圆筒形和球形两种。

圆筒形储罐是由钢板制成的圆筒体和两端封头构成的容器。封头可为半球形、椭圆形和蝶形。圆筒形罐根据安装情况可分为立式和卧式两种。立式圆筒储罐的运行清理不方便，一般采用卧式储罐。由于圆筒形储罐的容积较小，占地面积大，一般常用于中、小型的液化石油气储配站中。城镇燃气中的高压储罐一般采用球形罐。

球形罐是由球壳、球罐支撑件、进出气管与球罐附件组成。球形罐球壳是由分瓣压制的钢板拼焊组装而成。球形罐的支撑件一般采用赤道正切式支柱、拉杆支撑体系，以便把水平方向的外力传至基础上。设计时应考虑罐体自重、风压、地震力及试压的充水重量，并应有足够的安全系数。

燃气的进出气管一般安装在罐体的下部，但为了使燃气在罐体内混合良好，有时也将进出气管延长至罐顶附近。为了防止罐内冷凝水及尘土进入进出气管内，进出气管应高出罐底。为了排除积存于罐内的冷凝水等污物，在储罐的最下部，应安装排污管。在罐的顶部必须设置安全阀。

储罐除安装就地指示压力表外，还要安装远传指示控制仪表。此外，根据需要可设置温度计。储罐必须设防雷静电接地装置。储罐上的人孔应设在维修管理及制作储罐均较方便的位置，一般在罐顶及罐底各设置一个人孔。通常储气罐的工作压力已定，欲使容积利用系数提高，只有降低储气罐的剩余压力，而后者又受到管网中燃气压力的限制。为此可以设置引射器，将燃气从压力较低的罐中引射出来，以提高罐容利用系数。

6. 加压机房（厂房）平面及立面布置

加压机房在平、立面布置时，一般遵循下列规定：

(1) 压缩机在室内宜单排布置，当压缩机台数较多、单排布置使压缩机室过长时，可双排布置。室内的主要通道应根据压缩机最大部件的尺寸确定。

(2) 压缩机室内应留有适当的检修场地，一般设在室内的发展端。当压缩机室较长时，检修场地也可以考虑放在中间，但应不影响设备的操作和运行。

(3) 布置压缩机时，应考虑观察和操作方便。同时也需考虑到管道的合理布置，如压缩机进气口和末级排气口的方位等。

(4) 压缩机室宜设置起重设备，其起重能力应按压缩机组的最重部件确定。检修时需要吊装的设备，应布置在起重设备的工作范围内。

(5) 对于带有卧式气缸的压缩机，应考虑抽出活塞和活塞杆需要的水平距离。设置卧式列管式冷却器时，应考虑在水平方向抽出其中管束所需要的空间。立式列管式冷却器的管束可垂直吊出，也可卧倒放置抽出。

(6) 辅助设备的位置应便于操作，不妨碍门、窗的开启和不影响自然采光和通风。

(7) 压缩机之间的净距及压缩机和墙之间的距离考虑操作与检修方便，同时要防止压缩机的振动影响建筑物的基础。加压机房通道净距一般不小于表 2-13 的规定。

加压机房通道净距　　表 2-13

名称		压缩机排气量/ (m^3/min)		
		<10	10～40	>40
		净距 (m)		
加压机房的主要通道	单排布置	1.5		2.0
	双排布置	1.5	2.0	
压缩机组间或压缩机组与辅助设备之间的通道		1.5	1.5	2.0
压缩机组与墙之间的通道		1.5	1.5	1.5

(8) 压缩机室的高度：当不设置吊车时，为临时起重和自然通风的需要，一般屋架下弦高度不低于 4m，对于机身较小的压缩机可适当缩小。当设置吊车时，吊车轨顶高度可参照吊钩自身的长度、吊钩上限位置与轨顶间的最小允许距离及设备需要起吊的高度等参数确定。

(9) 压缩机排气量和设备较大时，为了方便操作、节省占地面积和更合理地布置管道，压缩机室可双层布置。压缩机、电动机及变速器设在操作层（二层），中间冷却器及润滑油系统均放在底层。

7. 消防设施及给水排水

(1) 灭火器材配置

输配场站工艺设备应配置灭火器材，并应符合下列规定：

①天然气储罐应配置 1 台不小于 35kg 推车式干粉灭火器。当两种介质储罐之间的距离超过 15m 时，应分别配置。

②压缩机厂房（棚），应按建筑面积每 50m² 配置不少于 2 具 4kg 手提式干粉灭火器。

③其余建筑的灭火器配置，应符合现行国家标准《建筑灭火器配置设计规范》GB 50140 的有关规定。

(2) 消防给水

1) 消防给水应利用城市或企业已建的消防给水系统。当无消防给水系统可依托时，应自建消防给水系统。

2) 输配场站设施的消防给水管道可与站内的生产、生活给水管道合并设置，消防水量应按固定式冷却水量和移动水量之和计算。

3) 设置有地上天然气储罐的消防给水设计，应符合下列规定：

①一级站消火栓消防用水量不应小于 20 L/s，二级站消火栓消防用水量不应小于 15 L/s。

②连续给水时间不应少于 2h。

4) 消防水泵宜设 2 台。当设 2 台消防水泵时，可不设备用泵。当计算消防用水量超过 35L/s 时，消防水泵应设双动力源。

5）固定式消防喷淋冷却水的喷头出口处给水压力不应小于 0.2MPa。移动式消防水枪出口处给水压力不应小于 0.2MPa，并应采用多功能水枪。

8. 电气、报警和紧急切断系统

（1）供配电

1）输配场站的供电负荷等级可为三级，信息系统应设不间断供电电源。

2）输配场站宜采用电压为 6/10kV 的外接电源。

3）场站的消防泵房、罩棚、营业室、压缩机间等处，均应设事故照明。

4）当引用外电源有困难时，可设置小型内燃发电机组。内燃机的排烟管口，应安装阻火器。排烟管口至各爆炸危险区域边界的水平距离，应符合下列规定：

①排烟口高出地面 4.5m 以下时，不应小于 5m。

②排烟口高出地面 4.5m 及以上时，不应小于 3m。

5）场站的电力线路宜采用电缆并直埋敷设。电缆穿越行车道部分，应穿钢管保护。

6）爆炸危险区域内的电气设备选型、安装、电力线路敷设等，应符合现行国家标准《爆炸危险环境电力装置设计规范》GB 50058 的有关规定。

7）站内爆炸危险区域以外的照明灯具，可选用非防爆型。罩棚下处于非爆炸危险区域的灯具，应选用防护等级不低于 IP44 级的照明灯具。

（2）防雷、防静电

1）天然气储气罐组必须进行防雷接地，接地点不应少于两处。

2）输配场站接地应符合下列规定：

①防雷接地、防静电接地、电气设备的工作接地、保护接地及信息系统的接地等，宜共用接地装置，其接地电阻应按其中接地电阻值要求最小的接地电阻值确定。

②当各自单独设置接地装置时，储罐的防雷接地装置的接地电阻、配线电缆金属外皮两端和保护钢管两端的接地装置的接地电阻，不应大于 10Ω，电气系统的工作和保护接地电阻不应大于 4Ω，燃气管道始、末端和分支处的接地装置的接地电阻，不应大于 30Ω。

③埋地储罐，以及非金属油罐顶部的金属部件和罐内的各金属部件，应与非埋地部分的工艺金属管道相互做电气连接并接地。

④输配场站内放散管在接入全站共用接地装置后，可不单独做防雷接地。

⑤输配场站内的站房和罩棚等建筑物需要防直击雷时，应采用避雷带（网）保护。当罩棚采用金属屋面时，其顶面单层金属板厚度大于 0.5mm、搭接长度大于 100mm，且下面无易燃的吊顶材料时，可不采用避雷带（网）保护。

⑥输配场站的信息系统应采用铠装电缆或导线穿钢管配线。配线电缆金属外皮两端、保护钢管两端均应接地。

⑦输配场站信息系统的配电线路首、末端与电子器件连接时，应装设与电子器件耐压水平相适应的过电压（电涌）保护器。

⑧380/220V 供配电系统宜采用 TN—S 系统，当外供电源为 380V 时，可采用 TN—C—S 系统。供电系统的电缆金属外皮或电缆金属保护管两端均应接地，在供配电系统的电源端应安装与设备耐压水平相适应的过电压（电涌）保护器。

⑨地上或管沟敷设的燃气管道，应设防静电和防感应雷的共用接地装置，其接地电阻不应大于 30Ω。

⑩在爆炸危险区域内工艺管道上的法兰、胶管两端等连接处，应用金属线跨接。当法兰的连接螺栓不少于 5 根时，在非腐蚀环境下可不跨接。

⑪采用导静电的热塑性塑料管道时，导电内衬应接地；采用不导静电的热塑性塑料管道时，不埋地部分的热熔连接件应保证长期可靠的接地，也可采用专用的密封帽将连接管件的电熔插孔密封，管道或接头的其他导电部件也应接地。

⑫防静电接地装置的接地电阻不应大于 100Ω。

3）报警系统

①输配场站应设置可燃气体检测报警系统。

②燃气设备的场所、罩棚下，应设置可燃气体检测器。

③可燃气体检测器一级报警设定值应小于或等于可燃气体爆炸下限的 25％。

④燃气储罐应设置压力监控装置和压力上限报警装置。

⑤报警器宜集中设置在控制室或值班室内。

⑥报警系统应配有不间断电源。

⑦可燃气体检测器和报警器的选用和安装，应符合现行国家标准《石油化工可燃气体和有毒气体检测报警设计规范》GB 50493 的有关规定。

4）紧急切断系统

输配场站应设置紧急切断系统，该系统应能在事故状态下迅速切断入口燃气管道阀门。紧急切断系统应具有失效保护功能。

输配场站管道上的紧急切断阀，应能由手动启动的远程控制切断系统操纵关闭。

①紧急切断系统应至少在下列位置设置启动开关：

A. 距加气站卸车点 5m 以内。

B. 在加油加气现场工作人员容易接近的位置。

C. 在控制室或值班室内。

②紧急切断系统应只能手动复位。

9. 采暖通风、建（构）筑物、绿化

（1）采暖通风

1）输配场站内的各类房间应根据场站环境、生产工艺特点和运行管理需要进行采暖设计见表 2-14。

采暖房间的室内计算温度　　表 2-14

房间名称	采暖室内计算温度（℃）
营业室、仪表控制室、办公室、值班休息室	18
浴室、更衣室	25
卫生间	12
调压器间、可燃液体泵房、发电间	12
消防器材间	5

2）输配场站的采暖宜利用城市、小区或邻近单位的热源。无利用条件时，可在输配场站内设置锅炉房。

3）设置在站房内的热水锅炉房（间），应符合下列规定：

①锅炉宜选用额定供热量不大于 140kW 的小型锅炉。

②当采用燃煤锅炉时，宜选用具有除尘功能的自然通风型锅炉。锅炉烟囱出口应高出屋顶 2m 及以上，且应采取防止火星外逸的有效措施。

③当采用燃气热水器采暖时，热水器应设有排烟系统和熄火保护等安全装置。

4）站室内，爆炸危险区域内的房间或箱体应采取通风措施，并应符合下列规定：

采用强制通风时，通风设备的通风能力在工艺设备工作期间应按每小时换气 12 次计算，在工艺设备非工作期间应按每小时换气 5 次计算。通风设备应防爆并应与可燃气体浓度报警器联锁。

采用自然通风时，通风口总面积不应小于 $300cm^2/m^2$（地面），通风口不应少于 2 个，且应靠近可燃气体积聚的部位设置。

5）站室内外采暖管道宜直埋敷设，当采用管沟敷设时，管沟应充砂填实，进出建筑物处应采取隔断措施。

（2）建（构）筑物

1）输配作业区内的站房及其他附属建筑物的耐火等级不应低于二级。当罩棚顶棚的承重构件为钢结构时，其耐火极限可为 0.25h，顶棚其他部分不得采用燃烧体建造。

2）加臭装置宜设罩棚，罩棚的设计应符合下列规定：

①罩棚应采用不燃烧材料建造。

②进站口无限高措施时，罩棚的净空高度不应小于 2.5m。

③罩棚遮盖设备的平面投影距离不宜小于 1m。

④罩棚设计应计及活荷载、雪荷载、风荷载，其设计标准值应符合现行国家标准《建筑结构荷载规范》GB 50009 的有关规定。

⑤罩棚的抗震设计应按现行国家标准《建筑抗震设计规范》GB 50011 的有关规定执行。

⑥设置于加臭装置上方的罩棚，应采用避免天然气积聚的结构形式。

3）塔罐、过滤器等设备的设计应符合下列规定：

①基础应高出停车位的地坪 0.15～0.2m。

②设备上的罩棚立柱边缘距设备，不应小于 0.6m。

4）布置有可燃液体或可燃气体设备的建筑物的门、窗应向外开启，并应按现行国家标准《建筑设计防火规范》GB 50016 的有关规定采取泄压措施。

5）布置在压缩机厂房的地坪应采用不发生火花地面。

6）站区屋面应采用不燃烧轻质材料建造。

7）输配场站内的工艺设备，不宜布置在封闭的房间或箱体内；工艺设备需要布置在封闭的房间或箱体内时，房间或箱体内应设置可燃气体检测报警器和强制通风设备。

8）罐区与值班室、仪表间相邻时，值班室、仪表间的门窗应位于爆炸危险区范围之外，且与压缩机间的中间隔墙应为无门窗洞口的防火墙。

9）站房可由办公室、值班室、营业室、控制室、变配电间、卫生间组成。

10）站房的一部分位于输配作业区内时，该站房的建筑面积不宜超过 $300m^2$，且该站房内不得有明火设备。

11）辅助服务区内建筑物的面积不应超过规范三类保护物标准，其消防设计应符合现行国家标准《建筑设计防火规范》GB 50016 的有关规定。

12）站房可设在站外民用建筑物内或与站外民用建筑物合建，并应符合下列规定：

①站房与民用建筑物之间不得有连接通道。

②站房应单独开设通向输配场站的出入口。

③民用建筑物不得有直接通向输配场站的出入口。

13）位于爆炸危险区域内的操作井、排水井，应采取防渗漏和防火花发生的措施。

3 燃气输配场站主要设备设施操作、维护、检修规程

为使燃气设施运行、维护和检修符合安全生产、保障公共安全和保护环境的要求，所有燃气输配站设备设施的操作、维护、检修均应严格按规程执行。本章是燃气输配运行工学习掌握的重点，而在燃气输配运行、维护、检修管理方面，最规范的应该是中石油西气东输管道公司，该公司经营全国燃气主要管网，其制定的各项流程（程序）经过了多年的实践验证，代表性、通用性、可操作性强，是燃气行业的标杆，因此本章的检维修规程是以中石油西气东输管道公司标准为例展开的。

3.1 日常作业标准流程

1. 输配场站操作流程

作业前通过提交作业计划，公司调度中心对各场站上报的作业计划汇总和审批。因现场“运检维”需要，临时作业计划需要调度中心提交紧急作业计划申请，提交审批程序与一般作业流程一致。紧急作业申请可以当日提交，特殊情况可征得调度中心调度长同意，先作业后填报计划。

作业前，查看相应操作票，若有按照“唱票”制度执行；若没有相应操作票，根据“二十一步”工作法和附件中的操作票模板编制相应操作票，经所属管理部门审批后执行。

作业完毕后应恢复流程并汇报调度，依据工艺安全信息的要求进行资料归档留存。具体流程如图 3-1 所示。

2. 维修作业流程（以中石油西气东输管道公司为例）

（1）维检修作业分类

1）计划性维修

为确保设备、系统功能完整、状态完好、运行可靠，根据设备、系统的磨损和故障规律，在设备、系统寿命周期中按完整性管理预定计划安排进行的预防性维修。

2）非计划性维修

未按照预定的进度计划，在发现设备元件或系统状态异常后实施的维修。

（2）工作流程

1）计划性维检修作业流程

计划性维检修作业流程详如图 3-2 所示。

管理处专业岗根据设备维检修作业指导书、设备维护规程、厂家说明书等相关要求，组织编制维检修作业计划及方案，部门负责人组织审核完成后，报主管领导审批，春、秋检等有要求的作业应将方案报送至公司相关处室审核、备案。并组织员工学习作业方案，准备作业所需物资。

作业计划审批同意后，管理处专业岗创建 ERP（企业资源计划）工单，部门负责人审

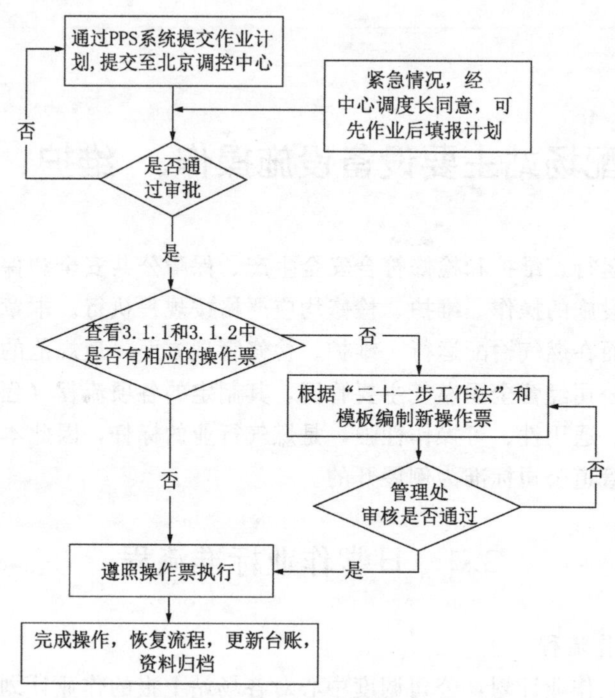

图 3-1 操作作业工作流程图

（注：PPS系统是电子签章审批管理系统）

核后下达，工单打印后并由主管领导审批。

现场作业时严格执行“唱票”制度，按照维检修作业卡要求逐项完成和签字确认。

维检修作业结束后，专业岗关闭工单，实施维修的负责人向管理处专业岗提交维检修记录、总结报告等材料。实施维修的场站做好相关记录。

2）非计划性维检修作业流程

场站发现设备故障，作业前通过 PPS 系统提交作业计划并通过审批。若自然灾害造成设备受损，维修前 24h 内向财务处申报保险赔偿。

若故障场站能自行处理，ERP 系统中创建 P1 通知单，自主处理完成后，关闭通知单；若无法自行处理，ERP 系统中创建 P2 通知单，提交站长审核后推送至维修队。维修队接到故障通知单，及时与场站核实确认后创建 ERP 工单，提交生产运行科审核，同时查询手册中相应作业卡。生产运行科审核通过后下达工单至维修队，若维修队不能解决处理，协调相关单位提供技术支持。

检修完毕后，站长进行完工确认，维修队及时关闭工单，场站人员及时关闭故障通知单，相关人员完善维检修报告等资料。

非计划性维检修工作流程详如图 3-3 所示。

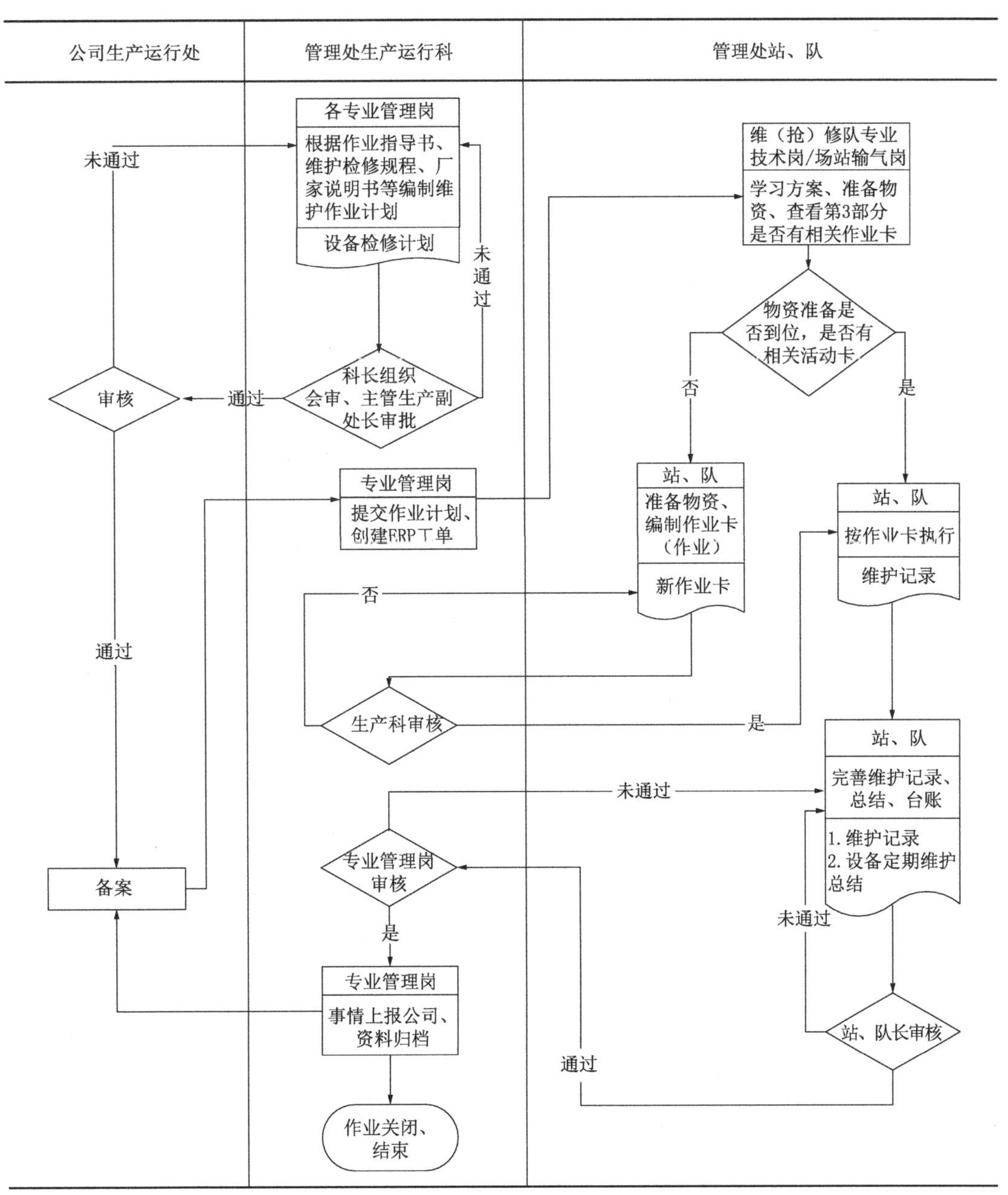

图 3-2 计划性维检修作业工作流程图

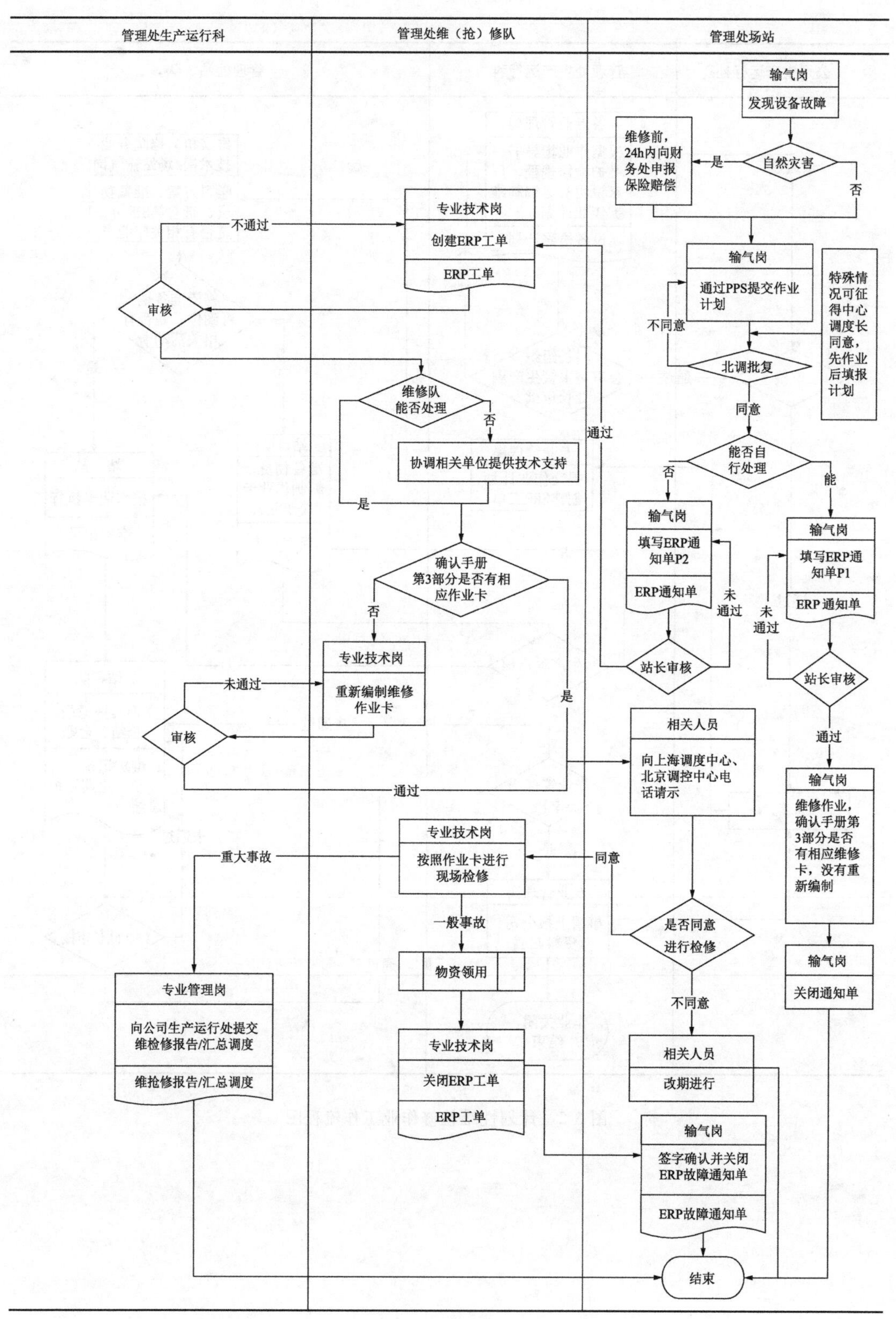

图 3-3　非计划性维检修作业工作流程图

3. 应急处置流程

突发事件发生后，站、队首先按照《应急处置卡》或《场站现场应急处置预案》进行现场处置，启动Ⅳ级应急响应，同时汇报本企业调度中心和应急领导小组。根据实际情况确认是否需告知地方政府部门，随后填写突发事件前期处置表。

管理处应急领导小组若判断突发事件为Ⅳ级，则指导站、队进行应急处置，应急处置工作完成后，站、队应急小组组长宣布关闭Ⅳ级应急预案，场站将情况汇报调度中心和管理处应急领导小组。站、队应急小组编写应急处置总结报告。

若管理处应急领导小组判断突发事件为Ⅲ级及以上，管理处应急领导小组组长下达启动Ⅲ级应急响应指令，组织召开首次应急领导小组会议，并向公司应急指挥中心、地方政府报告，具体根据应急预案要求执行。应急处置工作完成后，管理处应急领导小组组长宣布关闭Ⅲ级应急预案，汇报公司调控中心。管理处质量安全科组织开展事件调查，形成调查报告，提交质量安全环保处备案。管理处应急管理岗编写应急处置总结报告，经管理处应急领导小组审核后，提公司调度中心。

公司应急指挥中心接到汇报后，通知突发事件相关的专项应急办公室对突发事件进行评估，若判断事件为Ⅲ级，则指导管理处进行应急处置；若公司专项应急办公室判断突发事件为Ⅱ级及以上，则汇报公司应急办公室主任。公司应急办公室主任如判定为Ⅱ级及以上突发事件，立即报告公司应急领导小组组长，组长宣布启动公司应急响应，并向集团公司办公厅总值班室和专业公司汇报，指挥开展应急处置工作。

4. 常用操作票

(1) 工艺流程操作票（见表 3-1）

工艺流程　操作票　　　　**表 3-1**

场站：×××站　　＿＿年＿＿月＿＿日　　　　编号：

流程操作名称			
流程操作地点		审批人（场站负责人）签字	
操作人签字		监护人签字	
操作时间	开始时间：	完成时间：	

操作步骤	操作内容	风险及控制措施	操作人（√）	监护人（√）
1. 操作许可	汇报调度，并申请对集中监视系统相关报警信息进行屏蔽，得到允许后进行操作			
2. 操作前检查	检查×××阀门及双向联通管线上放空阀门处于关闭状态			
3. 操作	(1) 现场手动缓慢打开××阀门	风险：打开该阀门时双向联通下游管线逐渐充压，注意检漏，发现问题及时处理		
	(2) 现场手动缓慢打开××阀门	风险：打开该阀门时双向联通下游管线逐渐充压，注意检漏，发现问题及时处理		
	(3) 现场手动缓慢打开××阀门	风险：由于压力等级不同，根据下游所需供气压力，注意控制该阀门开度，确保下游供气压力		

续表

操作步骤	操作内容	风险及控制措施	操作人（√）	监护人（√）
4. 检查确认	（1）确认：检查阀门状态，确定仪表数据压力显示正常			
	（2）汇报：向调度汇报，并申请取消集中监视系统的屏蔽，做好相关记录			
审批人确认签字：				

（2）维检修作业卡（见表 3-2）

表 3-2

		×××设备维检修作业卡		订单编号： 通知单编号：	
设备名称			设备位号		
开始时间		月 日 时 分	结束时间	月 日 时 分	
检修负责人			检修内容		
检修作业人员			监护人		
工序	序号	内容		负责人	确认
000 现场核查	001	经咨询或现场检查，设备状态与维检修任务内容相符		检修负责人	（ ）
	002	现场无影响检修作业或受检修作业影响的交叉施工		检修负责人	（ ）
100 风险分析	101	已进行作业前 JSA 分析		检修负责人 检修作业人员 监护人员	（ ）
	102	已进行维检修方案技术交底			（ ）
	103	已明确突发事件的应急处置措施			（ ）
200 人员分工	201	负责具体检修作业的工序安排、作业票据办理及现场突发事件处置等		检修负责人	（ ）
	202	负责具体检修作业的工器具、备品备件、消耗材料的准备及具体操作等		检修作业人员	（ ）
300 工具材料	301	劳保用品类	劳保着装	检修作业人员	（ ）
	302	常用工具类	450mm 活动扳手一把，300mm 活动扳手一把，开口扳手一套，套筒扳手一套（含 36mm 规格）、接油盒、滤网、漏斗等		
	303	维修材料类	液压油、滤芯等		
	304	安全检测类	可燃气体检测仪	检修负责人	（ ）
	305	特殊工具类	1.7m 长引压管一根		
	306	其 他	抹布		

续表

工序	序号	内容	负责人	确认
400 作业准备	401	检修所需的零配件、相应的材料、专用工具及经检验合格的量具、器具已备齐	检修作业人员	（　）
	402	已上报作业计划并且企业（公司）调度已审批通过。作业前报告本企业（公司）调度，申请屏蔽集中监视相关报警信息		（　）
	403	已告知相关的交叉作业负责人		（　）
	404	确认工艺、仪表、电气等安全措施（放空/休眠/断电/锁定等）已落实		（　）
	405	检查个人防护用品齐全，工作所需材料、工具齐全		（　）
	406	进入作业现场前确认现场无异味、无警戒带及其他禁入标识，具备进场条件		（　）
	407	确认具备检修条件，设备移交检修人员负责		（　）
500 作业步骤	501	检查执行机构手动液压泵密封性能：将手动液压泵左右侧球形按钮同时向外拉出，上提下压操纵长杆，若最终无法压动，表明液压泵密封性能良好；若始终能压动或发现液压泵活塞杆周围有液压油、气泡渗出，表明液压泵密封性能失效	检修作业人员	（　）
	502	检查执行机构摆缸密封性能：阀门处于开（或关）位，上提下压操作长杆将阀门继续向开（或关）方向操作，若最终无法压动，表明摆缸密封性能良好；若始终能压动，表明摆缸密封性能失效		（　）
	503	储气罐排污：将执行机构气体放空后，拆卸储气罐底部丝堵，打开针形排污阀，利用余气将储气罐内可能残存的杂质和水排出，排污完成后，关闭针形排污阀，拧紧丝堵		（　）
	504	提升阀装置一级、二级滤芯检查：先后将提升阀控制块左上方和右侧的丝堵拆卸后，取出一级、二级滤芯，检查滤芯清洁情况，应使用煤油清洗，若滤芯破损，应立即更换新滤芯		（　）
	505	开、关气液罐排污：将接油桶放在气液罐垂直下方，缓慢拧松气液罐底部丝堵，将沉积在罐底的积液或杂质排出，直到排出干净的液压油时，拧紧丝堵		（　）
	506	摆缸排污：分别缓慢拧松摆缸下方的 4 个丝堵，将沉积在缸底的积液或杂质排出，直到排出干净的液压油时，拧紧丝堵		（　）
	507	摆缸排空：拆卸摆缸端盖上任意一个清污塞，根据清污塞所在扇形腔体注油的位置，选择正确的手动液压泵球形按钮推入，然后缓慢上提下压操纵长杆开始注油，当其中一个孔冒出液压油时，安装并拧紧清污塞。上提下压操纵长杆继续注油，当对顶的另一个孔冒出液压油且无气体和泡沫出现时，安装并拧紧清污塞。拆卸另外一个对顶清污塞，按相同方法对摆缸进行排空		（　）

续表

工序	序号	内容	负责人	确认
500 作业步骤	508	气液罐油位检查：拆卸开、关气液罐顶部丝堵，然后抽出油标尺检查油位。若阀门在开（关）位，关（开）气液罐油位应在油标尺白色刻度线上 5cm 处，开（关）气液罐油位应在油标尺白色刻度线下 5cm 处。若油位不符合要求，应及时调整或添加	检修作业人员	（ ）
	509	检修现场恢复	检修负责人 检修作业人员	（ ）
600 试运验收	601	共同确认维护完成，被检修设备试运正常，设备移交运行人员管理	检修作业人员 监护人	（ ）
	602	关闭相关作业	检修负责人	（ ）
	603	汇报企业（公司）调度，取消集中监视报警信号屏蔽。做好相关记录	检修负责人 监护人	（ ）

签字：检修作业人员（ ）签字时间： 年 月 日 时 分

签字：检修负责人 （ ）签字时间： 年 月 日 时 分

签字：监护人 （ ）签字时间： 年 月 日 时 分

3.2 管线排污作业规程

1. 总则

（1）为了规范场站工艺系统排污作业，确保安全环保，促进节能减排。

（2）适用于天然气输配所有场站的工艺系统排污作业（包括旋风、过滤分离器及其进出口汇管，不包括其他工艺设备单体排污）。

2. 职责

（1）企业生产运行处职责

1）负责场站工艺系统排污作业的技术管理。

2）负责统计公司管理范围内所有场站的排污量。

3）负责检查、指导现场排污作业。

（2）企业质量安全环保处职责

负责监督检查公司排污作业及污染物储存、处置是否满足安全、环保要求。

（3）企业管理处职责

1）负责组织督促所辖场站按规定进行排污作业，并检查执行情况。

2）负责督促场站按时在 PPS 系统中填报排污量，并对场站所填报的排污量进行审核。

3）负责组织对排出污液进行取样分析并送检。

4）负责组织对所排出污液按相关规定进行清理，以保持场站环境整洁、无污染。

5）负责组织场站对排污作业进行风险评估。

(4) 场站职责

1) 负责进行作业安全分析，并对作业过程中的安全环保负全责。

2) 负责按照相关规定执行具体排污操作。

3) 负责对排污情况进行分析。

4) 负责计算排污量及放空量，并及时在 PPS 系统中填报相关数据。

3. 作业内容

(1) 排污准备

1) 作业安全分析

场站运用作业安全分析 (JSA)，识别已有或潜在的隐患并对其进行风险评估，控制排污作业风险管理。

2) 排污前汇报

排污操作前，场站应向企业 (公司) 调度电话汇报。

3) 排污前的检查

①获得调度同意后，检查确认排污池周围 50m 内没有火种、无关人员及车辆。用便携式可燃气体检测仪检测排污池周围 2m 内的可燃气体含量，应控制在天然气爆炸极限下限的 20%以内 (天然气浓度 1%)，监视管制周围行人和火源，避免挥发气体遇火爆燃。

②观察排污时风向，宜使工艺场站处于上风口。

③对于排污场所为排污池的场站，排污前，应向排污池内注入清水，使水面保持在排污管口以上 10cm。对于排污场所为排污罐的场站，根据排污罐设计的工艺流程分别执行相应的作业指导书或规定。

④排污前应记录排污罐、排污池的液位数据。

(2) 排污操作

1) 应将需排污的工艺设备从工作流程中退出运行，然后放空降压至不高于 1.0MPa (表压)，对于有排污罐的场站降压到不高于 0.5MPa (表压)，再进行排污。

2) 对并联运行的场站工艺设备的排污需逐路进行，在操作过程中缓慢操作，细致观察，具体是 1 人开关阀门，1 人监视，避免大量天然气排出冲击池内或罐内液体。

3) 排污过程中应加强巡回检测，如发现异常，启动相应应急预案。

(3) 排污量上报

场站排污作业进行完毕后，应及时向企业 (公司) 生产调度电话汇报。排污后及时通过 PPS 填报排污量及放空量。

(4) 排污分析

1) 排出污液的物理特性 (油水比例) 分析

①排污作业中要根据要求进行取样，取样方法及要求另见相关要求。待取出液样的油水界面完全分离后，人工评测油水所占的比例，电话汇报生产调度。场站至少准备 2 个液样供进一步分析，应及时对采样瓶进行密封，防止挥发，原则上液样保留时间为半个月。

②在 PPS 系统 (产品入库管理系统) 中准确记录采样时间、位置、地点、污液的油水比例、填报人等。

2) 化学组份分析

①污液采样完成，由管理处联系具有相关资质单位进行液样检测工作，统一送检，在

运输过程中避免日照、泄漏、碰撞，严防取样瓶燃烧、爆炸。

②送检工作根据需要按照生产运行处临时通知进行，并请管理处将检测结果及时报送生产运行处。

(5) 污液清理

1）在环境温度低于0℃时，入冬前应对排污池进行清理。

2）按公司规定，管理处联系具有相关资质的单位签订协议处理污液。

3）排污池清出的污液要用车运走，由污液处理单位负责处理，不得就地倾倒，以防止污染环境。

4）在每次清运污液时场站应记录清理日期及污液量，并对清运的污液进行油水比例分析。

(6) 排污周期确定

1）压气站（包含分输压气站）

①冬季运行期间原则上一周进行一次排污作业。

A. 对于分离器单次排污总量 $S_{总}\geqslant 2m^3$ 时，一周两次。

B. 对于分离器单次排污总量 $0.5m^3\leqslant S_{总}<2m^3$ 时，每周一次。

C. 对于分离器单次排污总量 $0.1m^3\leqslant S_{总}<0.5m^3$ 时，每两周一次。

D. 对于分离器单次排污总量 $S_{总}<0.1m^3$ 时，每月一次。

②夏季运行期间原则上每两周进行一次排污作业。

A. 对于分离器单次排污总量 $S_{总}\geqslant 2m^3$ 时，一周一次。

B. 对于分离器单次排污总量 $0.5m^3\leqslant S_{总}<2m^3$ 时，每两周一次。

C. 对于分离器单次排污总量 $0.1m^3\leqslant S_{总}<0.5m^3$ 时，每月一次。

D. 对于分离器单次排污总量且连续两次排污均 $S_{总}<0.1m^3$ 时，每季度一次。

③对于分离器单次排污总量超过 $5m^3$ 时，应对分离器进出口汇管进行排污作业。一个月内分离器累计排污总量达到 $5m^3$ 时，应对分离器进出口汇管进行排污作业。观察并计算汇管的排污量，如果汇管单次排污量 $S_{总}<2m^3$，则延长汇管排污周期。对压气站汇管进行排污时，应同时对压缩机组进出口汇管进行排污。

④对于多路运行的设备，在对其中一路进行排污作业时，如果该路设备排污量小于 $0.05m^3$，可不必再对并行运行路设备进行排污作业。在下次进行排污作业时应不以该路设备的排污量作为评定对并行运行路设备是否继续进行排污的依据。如果排污收集装置液位变化不明显，可以不对其他并行运行路设备进行排放。

⑤对于支线压气站，排污周期的判断标准可适当上调一个等级。

2）分输场站排污，原则上每年3月份、10月份对全站分别进行一次排污作业。

3）在气质异常状况下，可以根据沿线排污情况，在上述规定下适时安排排污作业。

4）每次清管作业结束后应进行排污工作。

5）管理处应密切关注沿线水露点变化趋势及各站上下游场站排污量，适时组织排污。

6）各场站在排污过程中除遵守上述规定外，应在巡检过程中观察设备液位计变化情况，如果发现液位上升幅度较大，则需要进行排污作业。

3.3 输配场站调度运行规程

1. 总则

(1) 为保证企业所管辖调度管道生产运行过程中的所有操作处于受控状态，实现管道及其附属设备、设施的运行平稳和生产安全。

(2) 适用于本企业管辖范围内的管道的调度运行管理。

2. 工作分工

(1) 调度中心：指燃气企业调控中心，简称调度中心。

1) 调度中心对输配场站统一调度、统一指挥，负责调度管道的运行监督。

2) 调度中心负责对管道及上下游相关用户进行业务协调。

(2) 生产运行处

1) 生产运行处负责协调调度中心管道编制运行方案。

2) 生产运行处负责协调解决生产运行中的设备维护及维检修计划协调等问题，负责协调解决运行业务相关问题。

3. 调度内容

(1) 对实行调度的管道要保证管道安全、可靠、高效运行，确保管输气质量和输送计划的完成。

(2) 调度管道的运行管理应符合《西气东输二线天然气管道工艺运行规程》Q/SYBD 40—01 的要求。

4. 调度运行

(1) 输气计划

1) 输气计划的制定、执行和变更严格执行燃气企业的《输气生产过程管理程序》所规定的内容。

2) 调度管道需要计划变更时，调度中心（调度室）向生产运行处提出变更申请，并备案。

3) 月度计划的调整由经营部以书面方式下达给生产运行处并抄送调度中心。

4) 调度中心以"调度令"方式通知生产运行处执行计划变更。

(2) 生产作业

燃气企业维检修作业分公司或输配场站年度、月度、周上报维检修作业计划至生产运行处。生产运行处统一通过 PPS 提交至调度中心，调度中心负责按照批复的作业计划和运行方案组织现场作业，及时汇报作业进展至生产运行处。作业计划变更需按上述程序提交补充维检修作业计划，批复后组织实施。如遇紧急事故，可先行组织处理后补充作业计划。

(3) 动火作业

动火作业指一级动火作业的动火施工协调。当实施一级动火作业时，由生产运行处组织编制动火施工方案上报调控中心，由调控中心负责编制运行调整方案并下发至生产运行处。

(4) 清管（内检测）作业

生产运行处负责提出清管（内检测）作业计划，调度中心（调度室）负责组织编制清管（内检测）作业方案并报生产运行处，调度中心负责编制运行调整方案并下发。清管（内检测）作业结束后，应将作业总结报告生产运行处。清管（内检测）作业应严格按照公司审核通过的作业指导书执行操作。

（5）正常运行管理

1）根据经审批确定的月度运行方案，调度中心（调度室）负责管道运行调控，并通知场站调整运行参数。场站接到参数调整指令后，做好记录并及时、准确的执行。

2）调度中心负责管道运行监督，对于影响计划量完成的重要运行参数调整应及时上报生产运行处。

3）管道的计划性维检修作业，调度中心（调度室）应根据 PPS 审批通过的作业计划执行。

4）调度中心（调度室）每日 9：00 前在 PPS 上填报完成当日生产运行参数等调度报表要求内容。如遇特殊情况，应及时向生产运行处说明原因。

5）调度中心（调度室）负责向生产运行处汇报日常运行信息，应至少每 2h 汇报一次生产运行情况，每日 07：00～08：00 汇报前 24h 生产运行情况。

（6）应急情况运行管理

1）应急情况是指不启动事故应急预案，能够通过流程切换、调整运行等方式处理的设备（包括机械、电气、仪表、自动化及通信等）异常情况。

2）管道运行发生异常时，调度中心（调度室）需严格执行燃气调度应急管理办法实施调度。

3）天然气管道运行压缩机发生异常情况，调度中心（调度室）要及时向生产运行处汇报异常情况信息，并组织力量进行处理。

4）当出现燃气泄漏等重大生产情况时，启动应急预案后，调度中心（调度室）要及时向生产运行处汇报异常情况信息及处理进展，事后提交异常运行情况总结至生产运行处，经审批后备案。

（7）生产调度令管理

1）调度中心（调度室）对所辖场站根据运行情况通过调度令形式下达流程切换及启停操作命令。机组启停等重大操作结束后汇报生产运行处。

2）对管道运行调整等重大事项编制调度令通过 PPS 下达调度中心（调度室）。调度中心（调度室）接到调度令后，按照调度令要求执行相关内容，并向生产运行处反馈收到信息和执行信息。

3.4 压力容器（压力管道）操作规程

适用范围：本规程适用于燃气行业各类压力容器和压力管道。

1. 压力设备须有专人操作，并且持证上岗。

2. 压力设备操作前，必须对压力容器及其管件进行检查。

（1）检查各管件密封处是否有垫子、垫子是否加偏。

（2）检查密封垫子与介质密封要求是否一致。

(3) 检查紧固螺栓是否紧牢。

(4) 检查各相接阀门法兰是否密封良好。

(5) 检查安全阀是否灵敏可靠。

(6) 检查温度计是否灵敏可靠。

(7) 液位计是否灵敏可靠。

(8) 检查其他安全措施是否符合要求。

(9) 检查伸缩节及膨胀端是否留出膨胀开口。

(10) 基础紧固螺栓是否松动。

3. 操作过程注意事项

(1) 设备的抽空、排空、关闭其他管件，打开抽空阀门直至工艺要求的真空度。

(2) 关闭抽空管件，慢慢开启介质主进料阀门。

(3) 介质压力不允许超过容器许用压力（设计压力）。

(4) 介质温度是否超过容器许用设计温度。

(5) 压力容器膨胀收缩是否在设计范围内。

(6) 介质液位是否在规定范围内，不允许超过规定最高液位。

(7) 由容器向外供介质时，阀门开启速度要缓慢，不允许有骤开骤关现象。

(8) 要定时巡检，并认真填写巡检记录。

4. 操作标准

(1) 阀门开启不准骤开骤关。

(2) 工作温度不准超过设计温度。

(3) 工作压力不准超过设计压力。

(4) 容器液位不准超过规定液位。

(5) 容器的膨胀端不允许受限。

(6) 压力表、温度表等不允许随意拆除。

(7) 安全阀不允许手动拉杆失灵。

(8) 紧急防护装置不许随意拆除。

3.5 阀门操作、维护、检修规程

适用范围：本规程适用于燃气行业各类手动阀门，包括球阀、闸阀、截止阀、蝶阀、止回阀、旋塞阀等。电动阀门手动操作时，可以参考本规程，所有阀门（安全阀除外）的维护、检修均可参考本规程执行。

1. 手动阀门的操作

(1) 操作阀门前，应认真阅读操作说明。

(2) 操作前一定要清楚气体的流向，应注意检查阀门开闭标志。

(3) 通常情况下，关闭阀门时手轮（手柄）向顺时针方向旋转，开启阀门时手轮（手柄）向逆时针方向旋转。

(4) 手轮（手柄）直径（长度）小于或等于 320mm 时，只允许一人操作。

(5) 手轮（手柄）直径（长度）大于 320mm 时，允许多人共同操作，或者借助适当的杠杆（一般不超过0.5m）操作阀门。

(6) 操作阀门时，应缓开缓关，均匀用力，不得用冲击力开闭阀门。

(7) 同时操作多个阀门时，应注意操作顺序，并满足生产工艺要求。

(8) 开启有旁通阀门的较大口径阀门时，若两端压差较大，应先打开旁通阀调压，再开主阀：主阀打开后，应立即关闭旁通阀。

(9) 操作球阀、闸阀、截止阀、蝶阀只能全开或全关，严禁作调节用。

(10) 操作球阀、闸阀、截止阀和平板阀过程中，当关闭或开启到上死点或下死点时，应回转1/2～1圈。

(11) 操作注意事项

1) 阀门的开启与关闭，应根据阀门上的开关指示进行操作。

2) 阀门关闭顺序应为：先关进口端阀门，然后再关出口端阀门。

3) 阀门开启顺序应为：先开启出口端阀门，然后再开启进口端阀门。

2. 阀门的维护保养

(1) 日常维护

1) 应保持阀体及附件的清洁，阀门开关指示牌、阀门编号牌必须保持清晰可见。

2) 检查阀门的油杯、油嘴、阀杆螺纹和阀杆螺母及传动机构的润滑情况，及时加注合格润滑油、脂。阀门加油时，应看清加油孔有没有胶塞封口，如果有应清除掉。阀门加油前应把阀开关启闭一次，并复原，然后再加油，这样才能使开关活动时带进管道损耗掉的密封脂得以补充。

3) 检查阀门填料压盖、加油孔、加油孔螺帽、放散球阀、放散球阀阀芯、丝堵、膨胀节、阀盖与阀体连接及阀门法兰等处有无渗漏。同时应注意整个阀体的防腐情况。

4) 检查支架和各连接处的螺栓是否紧固。

5) 应重点检查异常的阀门、刚维修完的阀门、新更换的阀门、新增加的阀门和其他维修人员使用过的阀门。

6) 阀门的填料压盖不宜压得过紧，应以阀门开关（阀杆上下运动）灵活为准。

7) 每半年对所有通气阀门启闭一次，启闭后应对需要加密封脂的阀门加密封脂，如发现启闭故障应及时处理。

8) 阀门在使用过程中，一般不应带压更换或添加填料密封，对带有密封的阀门，可在降压后进行带压更换或添加填料密封。

9) 阀门在环境温度变化较大时，如需对阀体螺栓进行热紧（高温下紧固）时，不应在阀门全关位置上进行紧固。

10) 对裸露在外的阀杆螺纹要保持清洁，宜用符合要求的机械油进行防护，并加保护套进行保护。

(2) 定期维护

1) 应定期对阀门的手动装置进行检查、测试和调整，以保证阀门正常运行。

2) 定期对阀体进行排污。

3) 长期关闭状态下的阀门，阀体内存油容易受热膨胀，应定期检查阀门中开面密封情况，必要时可打开阀盖丝堵泄压。

4) 定期检查阀门防腐和保温，发现损坏及时修补。

5）冬季应注意阀门的防冻，及时排放停用阀门和工艺管线里的积水。

6）长期不用的大口径球阀，应定期进行开关动作，以免卡死。

3. 阀门的检修

（1）检修方式的确定

根据阀门的结构、生产运行特点及重要程度、介质性质、腐蚀速度并结合检查的具体情况，可选择在线修理或离线修理。

（2）检修前的准备

1）大口径阀门修理应编写检修方案，制定检修工艺，并经有关部门批准。

2）根据检修方案，备齐有关技术资料、工装、夹具、机具、量具和材料。

3）检查运行工艺流程，将阀门与相关联的工艺流程断开，排放内部介质，进行必要的置换，并应符合安全规程。

4）检修内容

①检查阀体和全部阀件。

②更换或添加填料，更换密封预紧所用弹簧件（弹簧、橡胶 O 型圈）。

③对冲蚀严重的阀件，可通过堆焊、车、磨、铣、镀等加工修复。

④弹性密封（软密封）的密封件应更换，重新加工组装。所对应的密封件（闸板、球面、阀芯）应清洗，研磨。

⑤非弹性密封（硬密封）阀门的密封组件应进行互相研磨。

⑥清洗或更换轴承。

⑦修复中法兰、端法兰密封面。

⑧检查、调整、修理阀门的传动机构和手动执行装置。

⑨检查零件的缺陷的操作。

⑩以水压强度试验检查阀体强度。

⑪检查阀座与阀体及关闭件与密封圈的配合情况，并进行严密性试验。

⑫检查阀杆及阀杆衬套的螺纹磨损情况。

⑬检验关闭件及阀体的密封圈。

⑭检查阀盖表面，清除毛刺。

⑮检验法兰的结合面。

5）阀门检修的注意事项

①必须先查明球阀上、下游管道确已卸除压力后，才能进行拆卸分解操作。

②拆卸、组装应按工艺程序，使用专门的工装、工具，严禁强行拆装。分解及再装配时必须小心防止损伤零件的密封面，特别是非金属零件，取出密封圈时宜用专用工具。拆卸的阀件应单独堆放，有方向和位置要求的应核对或打上标记。

③清洗剂应与球阀中的橡胶件、塑料件、金属件及工作介质均相容。工作介质为燃气时，可用《车用汽油》GB 17930—2016 中规定的汽油清洗金属零件。非金属零件用纯净水和酒精清洗（远离运行区操作）。

④非金属零件清洗后应立即从清洗剂中取出，不得长时间浸泡，取出的零件待清洗剂挥发后立即进行装配，以免会生锈或被灰尘污染。新零件在装配前也需清洗干净。全部阀件进行清洗和除垢。铜垫片安装前应做退火处理。

⑤使用润滑脂润滑。在密封件安装槽的表面、在橡胶密封件上、阀杆的密封面及摩擦面上涂一薄层润滑脂，起润滑作用。

⑥装配时不允许有金属碎屑、纤维、油脂（规定的除外）、灰尘及其他杂质、异物等污染、粘附或停留在零件表面上或进入内腔。

⑦螺栓安装整齐。拧紧中法兰螺栓时，闸阀、截止阀应在开启状态进行。

4. 阀门压力和严密性试验

(1) 试验前检查压力试验装置、压力表及各种工具配件是否完好齐全。

(2) 试验前，应将阀体内的杂物清理干净，密封面上的油渍、污物应擦净。

(3) 阀门试验介质应用空气、惰性气体、煤油、水或黏度不大于水的非腐蚀性液体，试验介质的温度应不得超过 52℃。当用液体作试验时，应排除阀门腔体内的气体。用气体作试验时，应采取安全防护措施。

(4) 高压阀门和重要阀门应采用 70%的煤油和 30%的锭子油混合成的油液。

(5) 阀门试验用压力表应经校验合格，并在有效期内，精度为 0.4 级，量程为被测压力值的 1.5～2 倍，表盘直径大于等于 150mm。试验系统压力表不少于 2 块，分别安装在贮罐及被测定的阀门入口处。

(6) 阀门压力试验时，应将清洗后的阀门牢固安装在试验装置汇管的支管上，阀门的另一端用盲板或盲管封闭，将介质从试验装置的汇管引入待试阀门进行试验。

(7) 高、中压阀门应逐个作严密性试验。

(8) 阀门强度试验压力应为公称压力的 1.5 倍，严密性试验压力应符合《阀门检验与安装规范》SY/T 4102—2013 第 4.3.1 条的规定。

(9) 阀门强度试验和严密性试验应持续 2～3min，重要和特殊的阀门应持续 5min。压力应逐渐提高至规定数值，不得使压力急剧地、突然地增加。在规定的持续时间内，压力应保持不变。

(10) 严密性试验一般阀门只作一次试验，高压阀门等重要阀门应作两次试验。

(11) 阀门试验时，应由一人以正常体力进行关闭。当手轮直径大于等于 320mm 时，可由两人进行关闭。

(12) 截止阀、节流阀的强度试验，应将被试阀门处于开启状态，注入介质至规定压力值，检查阀体和阀盖是否冒汗和渗漏，也可多只阀门串联进行强度试验。

(13) 球阀、闸阀、碟阀的强度试验应在阀芯半开状态下进行。一端引入介质，另一端关闭，将阀芯转动几次，阀门处于关闭状态下打开封闭端检查，各处不得有渗漏，然后从阀的另一端引入介质。重复上述操作。

(14) 升降式止回阀的阀板轴线处于与水平方向垂直的状态下进行试验。旋启式止回阀的阀板轴线应在处于水平位置的状态下进行试验。

(15) 强度试验时：检查阀体和阀盖无渗漏为合格。

(16) 严密性试验：从出口端引入介质，检查密封面、填料和垫片，无渗漏为合格。

5. 阀门的维护（见表 3-3）

阀门日常维护要求 **表 3-3**

序号	维护周期	维护内容	维护标准	备注
1	日常维护	阀体及附件的清洁，阀门开关指示牌、阀门编号牌	必须保持清晰可见	
		检查支架和各连接处的螺栓	紧固	
		法兰连接处的裸露在外的阀杆螺纹	宜用符合要求的机械油进行防护，并加保护套进行保护	
		检查阀门填料压盖、加油孔、加油孔螺帽、放散球阀、放散球阀阀芯、丝堵、膨胀节、阀盖与阀体连接及阀门法兰等处有无渗漏。同时应注意整个阀体的防腐情况	无泄漏、无锈蚀	
		检查异常的阀门、刚维修完的阀门、新更换的阀门、新增加的阀门	正常使用无泄漏	
2	每半年维护	阀门的手动装置进行检查，启闭一次阀门	灵活、正常开启	
		加密封脂	对启闭力矩大的加注密封脂	
		打开排污口，阀体进行排污	无污物	

6. 阀门的常见故障和处理方法（见表 3-4）

阀门的常见故障和处理方法 **表 3-4**

序 号	故 障	原 因	处理方法
1	填料处泄漏	(1) 填料超期使用，已老化； (2) 操作时用力过大； (3) 填料压兰螺栓没有拧紧	(1) 应及时更换损坏/老化的压料，逐圈安放，接头呈 30°～40°角； (2) 按正常力量操作，不许加套管或使用其他方法加长力臂； (3) 均匀拧紧压住压料螺栓
2	密封面泄漏	(1) 阀门安装方向与介质流向不符； (2) 关闭不到位； (3) 久闭的阀门在密封面上积垢； (4) 密封面轻微擦伤； (5) 密封面损伤严重	(1) 注意安装检查； (2) 重新调整执行机构上的调整螺栓，关严到位； (3) 将阀门打开一条小缝，让高速流体把污垢冲走； (4) 调整垫片进行补偿； (5) 重新研磨，调整垫片进行补偿

续表

序　号	故　障	原　　因	处理方法
3	法兰连接处泄漏	(1) 螺柱拧紧力不均匀； (2) 垫片老化损伤； (3) 垫片选用材料与工况要求不符	(1) 重新均匀拧紧螺栓； (2) 更换垫片； (3) 按照工况要求正确选用材料，必要时联系厂家，进行材料选择
4	手柄/手轮的损坏处泄漏	(1) 使用不正确； (2) 紧固件松脱； (3) 手柄、手轮与阀杆连接受损	(1) 禁止使用管钳、长杠杆、撞击工具； (2) 随时修配； (3) 随时修复
5	蜗杆蜗轮传动咬卡	(1) 不清洁嵌入脏物，影响润滑； (2) 操作不善	(1) 清除脏物、保持清洁、定期加油； (2) 若操作时发现咬卡、阻力过大时、不能继续操作，就应该立即停止，彻底检查

记录表格：《设备档案》除日常维护外，其他的定期维护检修都要登记。

3.6　过滤器操作、维护、检修规程

适用范围：本规程适用于角式、直通式、交叉式等类型的过滤器。

1. 操作

(1) 检查过滤器进口、出口、排污阀门是否正常。

(2) 了解和掌握过滤器的性能、原理及作用。

(3) 先关闭排污阀门，开启过滤器出口阀门再开启进口阀门。

(4) 应随时观察过滤器的压差。观察过滤器压差表读数，当其压损$\triangle P \geqslant 0.02 \sim 0.03$MPa时，应清洗或更换滤芯；流量计前的过滤器的压损$\triangle P \geqslant 0.01 \sim 0.015$MPa时，应清洗或更换滤芯；若无压差表，应根据气质清洁程度，定期安排清洗，更换滤芯；清洗或更换滤芯时须先将其前、后阀门关闭，泄压后方能进行。

(5) 控制过滤器的工作压力低于设计压力，防止超压引起突发情况的发生。

(6) 排污时应平稳缓慢，排污阀门不要突然开启，以保证管线压力平稳，避免阀门损坏。

(7) 检查并定期排污，防止污物积余过多进入燃气管线。

(8) 停运时，先关闭进口阀门再关闭出口阀门，最后打开排污阀门。

(9) 要保证过滤器的清洁。

2. 过滤器的维护保养

过滤器清理内筒的安全操作规程：

(1) 开启备用管线或旁通阀门保证正常供气。

(2) 关闭过滤器进、出口球阀，打开放散阀，将剩余燃气排放干净。

(3) 确定过滤器中无带压气体后，拆掉过滤器上所有的盲板螺栓，使过滤器的盲板与筒体完全分开后，盲板移开，露出过滤器的内腔。

(4) 拆卸掉滤芯的压紧螺母，移开压盖后，便可将滤芯从过滤器中取出。

(5) 用清洗液将滤芯浸泡一段时间后，用毛刷将其表面的附着物清洗干净后，重新装回过滤器中，继续使用（如滤芯经多次清洗后，还无法达到满意的效果，可更换新的滤芯）。

(6) 滤芯的安装步骤与拆卸步骤相反，即后拆卸的先安装。

(7) 过滤器安装完毕后，在装置重新投入使用前，要对过滤器进行泄漏检测和空气置换。

1) 泄漏检测：缓慢开启过滤器上游阀门，观察调压器前后端压力表指示值恢复正常后，用洗衣粉水或电子检测器，检测过滤器盲板接口处是否有泄漏现象，如有泄漏，关闭阀门，开启放气阀，放空过滤器及临近管道中的气体，继续拧紧泄漏处的盲板螺栓，然后重复上述方法继续通气检测，直至检测无泄漏后方可进入下一步骤。

2) 空气置换：开启放气阀，听到放气阀中有气体放出，并持续一段时间（确保过滤器中的空气已经被全部排出），关闭放气阀，就完成了此段管道及过滤器中空气的置换。

3) 投放运行：在完成了泄漏检测和空气置换后，再缓慢开启过滤器下游端的阀门，使下游端的压力表显示值恢复正常后，清洗或更换过滤芯的过滤器就可以投入正常运行了。

注意：

①清洗过滤器时将过滤器内筒移出配管区或室外进行反向洗涤。

②在维修过程中必须使用防爆工具或涂抹黄油的铁制工具，避免因碰撞产生明火。

3. 过滤器维护标准

(1) 经常对过滤器各部位进行检查，检查中要注意过滤器的各连接部位和焊口等处有无漏气，零部件有无损坏，发现问题及时排除或报告主管领导。

(2) 定期打开过滤器放散阀对过滤器内污物进行吹扫。吹扫时，关闭过滤器出口球阀，打开放散阀开始吹扫，当吹出气体为清洁天然气时，关闭放散阀，打开出口球阀，结束吹扫。

(3) 在日常运行和巡检中，应注意观察记录过滤器的前后压差，如压差超过允许值时，应及时进行检修。

(4) 当差压表的压力指针在绿色区间时，表示滤芯比较清洁，可以继续使用；当差压表的压力指针在黄色区域时，表示滤芯已有堵塞现象，应该及时清洗或更换滤芯；当差压表的压力指针进入红色区域时，表示滤芯已经被严重堵塞，有随时被压坏的危险，所以差压表的指针绝对不能进入红色区域。

4. 过滤器的维护操作（见表 3-5）

过滤器的维护操作 **表 3-5**

序号	维护周期	维护内容	维护标准	备注
1	每个月	检查法兰、阀门及顶盖等连接部位有无泄漏	无泄漏	
		检查过滤器外观和防腐情况	外观清洁，防腐漆完好无损	
		检查过滤器压差表是否在规定范围内	观察过滤器压差表读数，当其压损$\triangle P \geqslant 0.02 \sim 0.03$MPa 应清洗或更换滤心	

续表

序号	维护周期	维护内容	维护标准	备　注
2	每季度	打开过滤器放散阀对过滤器内污物进行吹扫	过滤器内无污物	气质干净可以延长时间
		检测过滤器连接部件的电阻值	电阻值小于10Ω	
		过滤器滤芯进行清洗	过滤器滤芯干净无杂物	

5. 过滤器的常见故障、原因及处理方法（见表3-6）

过滤器故障原因及处理方法　　表3-6

序号	故　障	原　　因	处理方法
1	压损过高	（1）安装时压损过高； （2）滤芯被堵	（1）选型偏小，更换较大型号过滤器； （2）清洗或更换滤芯
2	压损突然降低	（1）滤芯破裂脱落； （2）连接松动	（1）更换滤芯； （2）拧紧螺栓

3.7 调压器操作、维护、检修规程

适用范围：本规程适用于常见调压器、带切断阀的调压器、切断阀。

注意：调整调压阀参数必须经由技术部门同意，运行工不允许擅自调整。

1. 调压器操作步骤

在调压器投入使用前，必须进行检查，确保承压腔内没有压力（在出厂前，通常采用空气对调压器进行测试），以防止燃气与空气相混合从而形成可爆混合物。同时，应该对调压系统进行检查，确保所有的开关阀门（调压器上游截断阀、下游截断阀以及旁通阀门）处于关闭位置，并且燃气具有适当的温度。随后按以下步骤进行操作：

（1）缓慢开启调压器上游截断阀并控制阀门的开度，让少量的燃气流入管路；

（2）观察调压器下游的压力表，压力应该缓慢地上升，当达到（或略微超出）设定压力值后，调压器上游的压力继续上升的同时，调压器下游的压力值应该保持稳定；如果调压器下游的压力在达到设定值以后持续升高，那么应该关闭上游截断阀，中止调压器的运行；

（3）当调压器上游和下游的压力稳定后，完全开启上游的截断阀；

（4）缓慢地开启调压器下游的截断阀，向下游管路充气。

2. 调压设备操作规程

调压装置是输配工艺中重要的一环，只有调压装置正常运行，方可保证输气稳定，用户正常使用。在使用过程中，正确操作、正常维修，才能延长调压装置的使用寿命，随时处于最佳工作状态。

（1）开启调压装置前的准备工作

1）首次使用或阀前工艺实施焊接作业，应吹扫工艺系统并置换，无200μm以上异

物，方可进行调压操作。

2）上下游工艺阀门处于关闭状态，各压力表阀门处于开启状态。

（2）设定切断阀切断压力

1）彻底松开监控，工作调节阀调节螺栓，旋紧紧急切断阀调节螺栓，使调节阀处于关闭状态，切断阀处于开启状态。

2）开启工艺上流阀门。

3）调节监控调压器，使其全开，调节工作调压器，输出压力等于切断压力。

4）缓慢松开切断阀，调节螺栓直至切断阀关闭，再将调节螺栓旋紧一圈并锁死，此时关断压力设定完毕。

（3）按工艺要求设定监控调压器，工作调压器输出压力

1）工作调压阀工艺系统压力低于设定压力才能启动调压装置。

2）调整调节螺栓，使监控调压器全开，工作调压器全开，开启切断阀、上流阀门、下流阀门。

3）缓慢调整监控调压器调节螺栓，使输出压力等于1.15倍工作压力，因工艺管线容积较大，需经过几次反复调整，输出压力最后才能处于稳定，此时可锁死调节螺栓，调压器设定完毕。

（4）停运

调压器不用时将前后工艺阀门关闭，将工艺系统中的压力进行放散，排除阀体及工艺系统中的积液。

3. 调压器维护标准

（1）调压器是管网输配的枢纽部分，必须设专人定期对其进行保养和检修。

（2）调压器的外观，应保持清洁卫生，无掉、脱、落漆皮现象。

（3）定期对调压器上所有的旋塞阀、球阀进行加油，以保持它的润滑处于良好状态，使其做到启闭灵活、自如、快捷。

（4）应对安全切断阀门的“声”报警器系统进行保养，使其保持声音清亮。

（5）应对过滤器中的滤网进行保养，使其常处于畅通的工作状态。对连接调压器的几条压力导管和导管与调压器的连接处进行安全保养，防止漏气。

4. 调压器的维护保养

（1）每天巡视检查一次，检查有无漏气，检查调压器工作是否平稳，有无喘息、压力跳动及器件碰撞现象。如有可能，应及时排除故障，否则应立即报告主管领导进行抢修。

（2）巡视中按表格项目记录调压器工作参数，包括进站压力、出站压力，有关运行情况、故障情况及处理方法等。

（3）高中压调压站一般每季度保养维修一次；中低压调压站每半年保养维修一次。其方法如下：

1）清除各部位油污、锈斑，检查针形阀是否畅通。

2）检查阀口有无腐蚀斑痕，如发现问题，应进行研磨或更换。

3）各部件涂润滑油，保障其活动自如。

4）保养修理后，须对调压器认真调试，达到技术标准后方可投入运行，并安排值班人员观察8h，设备运行正常方可撤离。

5. 调压器膜片的分解与维护

在进行维护之前必须确保调压器上游和下游的截断阀已经关闭，并且将要进行操作的管路内的燃气已经被泄压、排空。

(1) 拆除反馈管接头。

(2) 松开螺栓，拆下承压腔。

(3) 松开螺母，卸下弹簧座和弹簧。

(4) 松开螺母。

(5) 将膜片和膜片支承一起卸下。

6. 可能需要更换的零件：

(1) 膜片。

(2) O 型圈。

(3) 弹簧。

7. 检查以下项目以保证膜片组件能正确的重装

(1) 所有的 O 型圈都完好无损。

(2) 行程指示器插在膜片支承的导向槽内。

(3) 膜片的末端准确地置于安装位置。

(4) 膜片能自由的运动（膜片和支座独特的设计结构能保证膜片的运动不受阻碍）。

8. 调压器的维护（见表 3-7）

调压器的维护 表 3-7

序号	维护周期	维护内容	维护标准	备注
1	新置换通气运行一周及每个月	(1) 周围环境	无不安全因数	
		(2) 卫生	整洁	
		(3) 漏点检查	无泄漏	
		(4) 运行压力	压力运行稳定	
		(5) 切断功能	切断压力正常	
		(6) 过滤器污垢	无污垢	
		(7) 外观油漆、防腐层	无脱落、无锈蚀	
		(8) 阀门	正常开关	
		(9) 运行声监听	无异常	
		(10) 关闭压力	压力稳定	
		(11) 压力仪表	显示读数准确	
2	每半年	(1) 每月维护保养内容	参照每月维护保养标准	
		(2) 检查切断阀启动压力设定值	启动压力在合格范围内	
		(3) 检查放散阀启动压力设定值	启动压力在合格范围内	
		(4) 清洗调压器、切断阀内腔	干净无污垢	
		(5) 检查易损件如阀口、密封件、薄膜、O 型圈	无溶胀、老化、压痕不均匀的密封件	

续表

序号	维护周期	维护内容	维护标准	备　注
3	每一年	(1) 每半年维护保养内容	参照每半年维护保养标准	
		(2) 拆洗调压器所有零部件、切断阀零部件、指挥器零部件	零部件表面干净无污垢	
		(3) 检查各零部件的磨损及变形情况	各零部件无磨损及变形情况	

9. 调压器常见故障、原因及处理方法（见表 3-8）

调压器常见故障处理方法　　**表 3-8**

序号	故　障	原　因	处理方法
1	出口压力偏低	(1) 弹簧失效或选型不当； (2) 阀口结冰； (3) 进气口被杂物堵塞； (4) 指挥器通往调压器内部的信号管道堵塞或损坏	(1) 更换弹簧； (2) 对进口气体加热； (3) 打开调节器清洗杂物； (4) 清洗信号管道
2	出口压力不正常升高	(1) 调压器阀口关闭不严； (2) 调压器皮膜漏气； (3) 调压器密封元件受损	(1) 清理阀口杂物或更换阀垫； (2) 更换皮膜； (3) 更换密封元件
3	调压阀下游没有气体通过	(1) 过滤器堵塞； (2) 切断器被触发； (3) 调压器皮膜损坏； (4) 入口流量不足、指挥器无气体通过	(1) 清洗过滤器； (2) 打开切断阀； (3) 更换皮膜； (4) 调节入口流量
4	关闭压力过高或有内漏	(1) 指挥器皮膜老化或破损； (2) 阀口有杂物	(1) 更换皮膜； (2) 清洗阀口
5	调压器震动	(1) 取压管连接错位或不符合安装要求； (2) 流量过低； (3) 指挥器上取压泄压阀孔口径不对	(1) 重新安装； (2) 调节流量
6	调压器压力调不高	(1) 调压器阀垫膨胀，阀口达不到应有的开度； (2) 指挥器调节弹簧变形，达不到设计压力	(1) 更换阀垫； (2) 更换弹簧
7	调压器出口压力不稳和喘气	(1) 燃气杂质多； (2) 气体压力或流量突然变化干扰； (3) 出口压力高，前压波动大	(1) 清洗过滤器； (2) 稳定压力和流量； (3) 调节出口压力

3.8 加臭装置操作、维护、检修规程

1. 加臭技术操作规程

(1) 空气－燃气中的臭味“应能察觉”：即嗅觉能力一般的正常人，在空气－燃气混合物臭味强度达到2级时，应能察觉空气中存在燃气。

(2) 采用四氢噻吩（THT）作为加臭剂。当空气中的四氢噻吩（THT）为0.08mg/m³时，可达到臭味强度2级的报警浓度。

(3) 当天然气泄漏到空气中，达到爆炸极限的20%时即1%时，应能察觉，相当于在天然气中应加入8mg/m³的四氢噻吩（THT）。

(4) 考虑管道长度、材质、腐蚀情况和天然气成分等因素，取理论值的2～3倍，取加臭剂用量不小于20mg/m³。

(5) 应定期检查加臭机内加臭剂的储量。

(6) 控制系统及各项参数正常。

(7) 加臭泵的润滑油液位应符合运行规定。

(8) 加臭装置应无泄漏。

(9) 加臭装置应定期进行清洗、校验。

2. 开机

(1) 打开加臭压缩机进、出口阀门。关闭加臭机出口阀门。打开自回流阀门。检查加臭压缩机油位。

(2) 在控制室打开加臭系统，选择A或B压缩机，点击电脑开机按钮。现场打开相应的A或B压缩机防爆电源开关。加臭压缩机启动。

(3) 观察自回流情况。加臭压缩机转动有无异常，浮子是否跳动。

(4) 自回流无异常，关闭自回流阀门。打开加臭机出口阀门。完成开机操作。

3. 关机

(1) 如无特殊需要。关机时，可直接在控制室加臭机电脑控制系统上关闭加臭机。

(2) 加臭量的调整：

1) 在正常加臭的条件下，关闭玻璃液位计下部的三通阀。

2) 计算每次压缩时，液位下降的多少来确定单次加臭量。液位计每一小格刻度代表500mg四氢噻吩。

3) 调节加臭压缩机流量调整旋钮，直至调节到所需的单次加臭量。

4) 调整加臭压缩机机电脑控制系统的加臭频率，计算每分钟加臭压缩机的压缩次数。

5) 通过每分钟加臭压缩机的压缩次数和单次加臭量，计算加臭系统的加臭量。

6) 根据燃气流量决定开机时间长短，完成加臭量的调整。

4. 补充四氢噻吩

(1) 当加臭机四氢噻吩贮罐液位计为100mm时，应补充四氢噻吩。

(2) 加臭机应停机。打开四氢噻吩贮罐的补液阀门。

(3) 将导管一端插入四氢噻吩贮罐，另一端插入四氢噻吩桶。将氮气瓶的氮气减压后导入四氢噻吩桶，利用氮气压力，将四氢噻吩补充至四氢噻吩贮罐。

(4) 当四氢噻吩贮罐液位达 2/3 时，停止补充四氢噻吩。

(5) 取出导管。关闭四氢噻吩贮罐的补液阀门。四氢噻吩桶、氮气瓶运回库房。记录补液情况。完成补充四氢噻吩的操作。

5. 加臭装置维护标准

(1) 加臭装置应由经过培训的人员进行操作和维护管理。

(2) 严格按照厂家制定的操作规程及有关程序进行加臭装置的开机、加药、关机等的操作。

(3) 加臭装置运行时，工作人员每天必须到现场对储药量、加药泵的运转、输出等情况进行一次认真的检查。

(4) 每班应对加药泵、油位、膜片及排气情况进行一次巡查，发现问题要及时做出相应的处理。

(5) 储药罐每次加药前应排污一次，排除固体沉淀和不纯药物。

(6) 在长时间加药比例不变的条件下，应每月作一次标定，以确保加药量的准确性。

(7) 过滤器每半年必须拆开清洗一次。

(8) 冬夏季节在温差变化较大时，应更换液压油的黏度。

(9) 对加臭装置的各部件、阀门、管路等进行经常性的维护保养，保持整套装置整洁、灵光、性能良好、运转正常。

(10) 加臭装置如安装在室外，应有遮阳避雨的设施加以保护。

(11) 加臭机的维护（见表 3-9）。

加臭机的维护内容与标准 表 3-9

序号	维护周期	维护内容	维护标准	备注
1	每周	阀门和连接部位泄漏情况	无泄漏	
		四氢噻吩贮罐液位在规定范围	四氢噻吩贮罐液位 600mm 至 300mm 间（液位计的 20 格标处）	
		加药泵的运转	加药泵的运转正常	
		润滑油油位	保持在泵轴的 1/2 处	
		膜片	完好无破裂	
		排气	正常	
		流量信号的电路情况	对启闭力矩大的加注密封脂	
		自动加臭一次	自动加臭	
2	半年	更换泵内机油	油质清澈，有无臭味	
		清除腔内机油及杂质	腔内机油及杂质清除干净	
		清洁排油孔塞	排油孔塞通畅	

(12) 加臭机的常见故障、原因及处理方法（见表 3-10）。

加臭机的常见故障及处理方法　　表 3-10

序号	故　障	原　因	处理方法
1	加臭泵不工作	（1）电源中断； （2）防爆开关失灵； （3）控制器保险丝熔断； （4）线路接触不良或中断	（1）重新合上电源开关； （2）更换防爆开关； （3）更换保险丝； （4）接紧线路
2	泵的输出量降低或浮子跳动低	（1）液压进油口螺栓松动； （2）单向阀内有杂质； （3）机油黏度不适宜	（1）拧紧螺栓； （2）清洗单向阀； （3）更换机油
3	机油混有加臭剂	膜片破裂	更换膜片
4	进油口螺栓混有加臭剂	膜片破裂	更换膜片
5	液位计液面不动	补油泵头合上料泵头有空气	关闭输出阀打开回流阀运行
6	转子不跳动	（1）上下单向阀堵塞； （2）腔内有气体	（1）清洗上下单向阀； （2）打开安全阀排出气体

3.9 仪表操作、维护、检修规程

适用范围：本规程适用于压力表、温度表、差压表、液位计、压力变送器、温度变送器、液位变送器。

1. 仪表的操作规程

（1）检查仪表各阀门开启位置是否正常。

（2）开启仪表的电源开关（流量计结算仪、压力变送器、温度变送器、液位变送器）。

（3）开关上下游阀门时，应缓慢平稳，避免冲击损坏仪表的零部件，应观察仪表有无卡住现象。

（4）不能随意敲击仪表，应检查、验漏仪表的接头和法兰是否泄漏。

（5）对仪表的选择应准确（测量范围、精度等级、一次元件）。

（6）定期对各种仪表进行鉴定，确保计量及测量准确。

（7）随时观察压力、流量的变化情况。

（8）要正确掌握流量计的测量范围，必要时再开启另一计量路，确保计量准确。

（9）若仪表不用时，应放空仪表内的管存气、关闭仪表阀门及电源。

（10）认真填写记录报表，读出和报出的数据要准确。

2. 仪表维护规程（见表 3-11）

仪表维护　　表 3-11

序号	维护周期	设备类型	维护内容	维护标准	备　注
1	每个月	所有仪表	周围环境	无不安全因数	
		所有仪表	卫生	整洁	
		所有仪表	仪表本体和连接件损坏和腐蚀情况	无损坏和腐蚀情况	
		所有仪表	泄漏检查	无泄漏	
		所有仪表	检查运行压力、温度和实际管道压力	在正常范围内	
2	每半年	变送器	信号线	整齐无损坏	
		变送器	电源电压	规定的范围内	
		差压变送器、压力变送器	定期排污	无污渍排出	
		压力表	定期检定	合格	
3	每一年	变送器	定期检定	合格	

3. 温度变送器常见故障、原因及排除方法（见表 3-12）

温度变送器常见故障及排除方法　　表 3-12

序号	故　障	原　因	处理方法
1	显示值比实际值低或不稳定	(1) 保护管内有金属屑、灰尘； (2) 接线柱间脏污及热电阻短路（水滴等）	(1) 除去金属屑，清扫灰尘、水滴等； (2) 找到短路处清理干净或吹干； (3) 加强绝缘
2	显示仪表指示无穷大	(1) 热电阻或引出线断路； (2) 接线端子松开	(1) 更换热电阻； (2) 拧紧接线螺栓
3	阻值随温度关系有变化	热电阻丝材料受腐蚀变质	更换热电阻
4	仪表指示负值	(1) 仪表与热电阻接线有错； (2) 热电阻有短路现象	(1) 改正接线； (2) 找出短路处，加强绝缘

4. 压力表常见故障、原因及排除方法（见表 3-13）

压力表常见故障及排除方法　　表 3-13

序号	故　障	原　因	处理方法
1	压力表无指示	(1) 导压管上的切断阀为打开； (2) 导压管堵塞； (3) 弹簧管接头内污物淤积过多而堵塞； (4) 弹簧管裂开	(1) 打开切断阀； (2) 拆下导压管，用钢丝疏通，用气吹干净； (3) 取下指针和刻度盘，拆下机芯，将弹簧管放到清洗盘清洗，并用细钢丝疏通； (4) 更换新压力表

续表

序号	故障	原因	处理方法
2	指针抖动大	(1) 被测介质压力波动大； (2) 压力表的安装位置震动大； (3) 高压、低压和平衡阀连接漏气（双波纹管差压计）	(1) 关小阀门开度； (2) 固定压力表或取压点；或把压力表移到震动小的地方；也可装减震器； (3) 检查出漏气点并排除
3	压力表指针有跳动或呆滞现象	指针与表面玻璃或刻度盘相碰有摩擦	矫正指针，加厚玻璃下面的垫圈
4	压力取掉后，指针不能恢复到零点负值	(1) 指针打弯； (2) 指针松动	(1) 用镊子矫直； (2) 校验后敲紧
5	指示偏低	(1) 导压管线有泄漏； (2) 弹簧管有渗漏	(1) 找出泄漏点排除； (2) 补焊或更换

5. 压力变送器（差压液位变送器）常见故障、原因及排除方法（见表 3-14）

压力变送器常见故障及排除方法 **表 3-14**

序号	故障	原因	处理方法
1	压力信号不稳	(1) 压力源本身是一个不稳定的压力； (2) 仪表或压力传感器抗干扰能力不强； (3) 传感器接线不牢； (4) 传感器本身振动很厉害； (5) 变送器敏感部件隔离膜片变形、破损和漏油现象发生； (6) 补偿板对壳体的绝缘电阻大； (7) 变送器有泄漏； (8) 引压管泄漏或堵塞	(1) 稳定压力源； (2) 紧固接地线； (3) 紧固传感器接线； (4) 固定变送器； (5) 更换传感器； (6) 减小绝缘电阻； (7) 检查出泄漏部位并排除； (8) 清洗疏通引压管排除漏点
2	变送器接电无输出	(1) 接错线（仪表和传感器都要检查）； (2) 导线本身的断路或短路； (3) 电源无输出或电源不匹配； (4) 仪表损坏或仪表不匹配； (5) 传感器损坏	(1) 检查仪表和传感器线路并排除； (2) 检查断路或短路点并排除； (3) 更换电源； (4) 更换仪表； (5) 更换传感器

3.10 调压站（柜、橇、箱）操作、维护、检修规程

1. 调压橇操作规程

(1) 调压橇必须按照设计施工图和有关标准、规范进行施工和验收，未经验收和验收不合格的调压橇不得投入运行。

(2) 所有经过验收合格，投入运行的调压橇均应达到要求，并定期进行维护保养作业。

(3) 平日在调压橇的操作中，应注意下述事项，以保证调压器的正常使用和减少故障：

1) 切忌快速开启阀门，猛开阀门极易损坏调压橇内设备。

2) 切忌向出口管道充入过高压力，否则会损坏调压橇内部零件。

(4) 开启投运调压器时，应按下述步骤操作：

1) 确认调压橇的进出口阀门已关闭。

2) 缓慢开启进口阀门，并观察进站压力表和出站压力表是否在允许的压力范围，为避免出口压力表在冲气时超量程损坏，可先关闭压力表下针形阀，待压力稳定后再充分开启。

3) 打开调压橇后直管上的测压嘴，检查调压器的运行是否正常，放气时因流量过小，出口压力表可能有微小的波动，待出口阀门打开后会自动消除。

4) 当进出口压力正常后，可缓慢开启出口阀门，并精确调节调压橇的出口压力。

(5) 调压橇切断阀的复位操作，切断阀或附加在调压橇上的切断器在执行了切断动作后需人工进行复位操作。

1) 在进行复位操作前应查明切断的原因，是管网压力冲击还是调压器故障，调压器和阀门关闭过快也会造成调压器后管线压力升高使切断阀启动。

2) 排除故障后方可进行复位操作。

3) 在进行切断阀的复位操作时，必须关闭调压器的进、出口阀门及出口端压力表下的针形阀。

4) 在转动人工复位手柄时注意，刚开始转动时要缓慢，此时会感觉管内有一小股气流通过并随即停止（如这小股气流不能停止，可能是调压器故障或调压橇的出口阀门还未关严）。

5) 连续转动切断阀手柄复位上扣。

6) 缓慢开启进口阀门，观察出口压力，正常后开启出口阀门。

(6) 调压设备调试

1) 设定压力应遵循由高到低的原则，按步骤一项一项进行，不可操之过急。

即：切断压力⟶放散压力⟶工作压力。

2) 压力设定后，需检测其关闭压力，验证其性能，是否达到要求值。

3) 压力设定符合要求后方可开启出口阀门，在此之前不得打开出口阀门，以防意外发生。

4) 调试过程中，严禁烟火，防止静电产生，禁止碰撞、敲击管道及设备。

5) 阀门开启应缓慢，不得猛开猛关。

6) 精密仪表应注意保护，以防压力波动大，损坏仪表。

7) 在“1+1”调压设备调试中，若需不间断供气，应先通过旁路手动控制压力，一手控制压力调节阀，一手持压力表，时刻观察压力变化，使出口压力维持在所需压力范围内，待调压器压力设定完成后，缓慢打开调压器出口阀门，在调压器正常供气后，再关闭旁路各阀门。

8）若调压器采用“2＋0”一开一闭式，两路均需调试，开启一路，关闭一路（备用），备用路中应将进出口阀门间气压泄去，以免调压器皮膜和弹簧受压，造成疲劳。

9）若调压器采用两路自动切换供气，需按主、副路设定压力参数，然后两路进出口阀门保持全开状态，自动切换对调压器性能要求较高，一般稳压精度（AC）不大于2.5%，关闭精度不大于12%为宜。

（7）调压主路和副路的压力设定及切换方法

1）压力设定：调压器出厂时，副路调压器的出口工作压力设定为主路调压器出口工作压力的0.10倍，副路切断阀的启动压力设定值高于主路切断阀的启动压力。

①调压器出口工作压力$P \leqslant 3$KPa时，副路切断阀启动压力为主路切断阀启动压力的1.1倍，且不大于4.5KPa。

②0.003MPa＜P（调压器出口工作压力）≤0.2MPa时，副路切断阀启动压力为主路切断阀启动压力的1.1倍。

③0.2MPa＜P（调压器出口工作压力）≤0.25MPa时，副路切断阀启动压力为主路切断阀压力的1.05倍。

2）切换方法：调压在运行或检修过程中，有时需要进行各主路和副路的人工切换，即将主路关闭而做备用的副路供气，或将正在供气的副路恢复变为备用，由主路正常供气。

①主路切换为副路供气

缓慢关闭主路进口阀门，随主路调压器出口压力下降至副路调压器的启动压力，副路调压器自动开启，再缓慢关闭主路出口阀门，副路正常工作后，可按需要将其出口压力调至主路调压器出口压力设定值以满足压力参数要求。

②副路切换为主路供气

首先将副路调压器出口压力降至原调压器的出口压力设定值，开启主路切断阀，再缓慢开启进口阀门向主路充气，待出口压力稳定后，调整并检查主路出口压力设定值符合要求后，缓慢开启主路出口阀门，随着主路出口压力升高至副路调压器的关闭压力，副路调压器则自动关闭。

（8）调压橇在解体维修后，应对其作气密性检查

1）试验介质：氮气或该调压柜的工作介质。

2）试验压力：调压器前为最大进口工作压力的1.05倍，若在运行中进行调试，则为进口工作压力，调压器后为超压切断压力的1.05倍。

3）试验方法

①关闭切断阀及出口端阀门，向调压器前管路缓慢充气，保压30min，检查进出口管道的压力，若调压器前管路压力下降则有外漏，可用皂液查出漏点，若调压器后管路压力升高，则切断阀关闭不严。

②合格后，开启切断阀，随着气体流向调压器后管路，调压器自动关闭，压力稳定后检查下游管道压力，保压30min，压力值应稳定不变，若压力上升，则说明调压器关闭不严，若压力下降，则说明有外漏。

（9）调压器出口压力设定值检查

1）关闭出口阀门及旁通阀门、放散阀门，开启切断阀，缓慢开启进口阀门，待进口

压力稳定后，略开测压阀门，使管道中有一小流量通过，缓慢关闭测流阀门，观察出口压力表，其读数应为出口压力设定值的1.1～1.25倍，在负荷运行时，再准确检查调压器出口压力。

2）若调压器的出口工作压力与设定值不符，应缓慢旋动调节螺栓调整调节弹簧，直至出口压力为调压器设定压力的1.1～1.15倍，（关闭压力）待负荷运行时再精确调整调压器出口压力。

（10）切断阀启动压力设定值检查

方法1：关闭出口阀门、旁通阀门，开启切断阀，缓慢开启进口阀门，待进口压力稳定后，再从测压阀门处向出口端缓慢加压，直至切断阀启动，检查此时压力表读数是否与设定值相符，应重复检查三遍。

方法2：关闭进、出口阀门，开启切断阀，从测压阀门处向出口端加压，使出口压力缓慢升高，直至切断阀启动，检查此时压力表示值是否与设定值相符，应重复检查三遍。

若要调整切断阀启动压力，应缓慢调节切断压力设定弹簧至要求的设定值，并保持弹簧压缩量不变，缓慢升压至切断阀启动，重复操作三遍，检查切断压力是否与所需的设定值相符。

（11）放散阀启动压力设定值检查

1）关闭放散管前球阀，从放散管测压阀门处向放散管加压，使压力缓慢升高，直至有气体从放散口排出，检查此时压力表读数是否与设定值相符，应重复检查三遍。

2）若要调整放散阀启动压力，应缓慢调整放散压力弹簧至要求的设定，并保持弹簧压缩量不变，缓慢升压至放散阀启动，重复操作三遍检查放散压力是否与所需要的设定值相符。

（12）若调压器的出口设定值已经过调整，则调压器的切断阀启动压力和放散阀启动压力都必须随之调整，以使工况匹配，但任何调整，均应在调压器的允许工况之内。

（13）排污操作规程

1）在系统投入运行的最初阶段，排污的间隔时间要短，排污频率要高。

2）排污阀在开启时，开启速度尽量要快、要突然，这样才会将系统管道中的大颗粒杂质排出得更彻底，排污效果会更好。

3）待排污阀排出的气体清洁后再关闭排污阀门，关闭阀门时要确保阀门关闭的严密性。

2. 调压站的维护标准

（1）调压站（柜、橇、箱）投入运行后，每班都要对其进行例行检查，检查的方向应顺气流进行，工作应正常。

（2）调压站（柜、橇、箱）投入运行一周后的首检内容如下：

1）过滤器积垢程度检查；

2）调压站（柜、橇、箱）外泄漏检查；

3）调压器出口压力检查。

（3）调压站（柜、橇、箱）投入运行后每月的例行检查如下：

1）用检漏仪检测调压站（柜、橇、箱）有无外泄漏；

2）观察压力记录仪或压力表检查调压站（柜、橇、箱）的出口压力或关闭压力是否正常；

3）检查切断阀脱扣机构能否正常工作，检查切断后关断是否严密；

4）观察过滤器压差表读数，当其压损△P≥0.02～0.03MPa 时，应清洗或更换滤芯；流量计前的过滤器的压损△P≥0.01～0.015MPa 时，应清洗或更换滤芯；若无压差表，应根据气质清洁程度，定期安排清洗，更换滤芯；清洗或更换滤芯时须先将其前、后阀门关闭，泄压后方能进行；

5）检查调压站（柜、橇、箱）有无外力损坏。

（4）调压站（柜、橇、箱）投入运行后每 3～6 个月的定期检查维修：

调压站（柜、橇、箱）的维修分为故障维修和定期检查维修，定期检查维修时间与输送燃气的气质与清洁度有关、与燃气管道的清洁度有关、与调压站（柜、橇、箱）的可靠性有关，应根据使用和维修情况，调整检查维护周期。

1）至少每 1～3 个月对调压器的关闭压力进行一次检测。

2）至少每 3～6 个月对切断阀、放散阀进行一次启动压力设定值检查。

3）每 3～6 个月对调压器、切断阀内部零件进行清洁维护，对其易损件如阀口、密封件、薄膜、O 型圈等进行检查，及时更换已溶胀、老化、压痕不均匀的密封件（注：此条必须由有经验的熟练人员或生产厂家售后服务人员进行操作）。

4）检查调压器、切断阀内关键零件的磨损及变形情况，必要时应予更换。

5）检查管道及各种部件外观油漆涂层，若脱落严重应予除锈补漆。

6）调压站（柜、橇、箱）内设备维修前必须将调压通道前后阀门关闭，并泄压，方能拆开或拆卸调压器、切断阀。维修总装完成后，要检查各活动部件能否灵活运动，再进行气密性试验、调压器关闭压力检查、设定值检查，合格后才能重新使用（注：此条必须由有经验的熟练人员或生产厂家售后服务人员进行操作）。

（5）调压站（柜、橇、箱）出现故障后，应首先查出故障位置及原因，若是调压器本身故障，则应按本规程第 6 款的规定进行处理，或直接联系生产厂家售后服务人员进行维修。

3. 调压橇常见故障、原因及处理方法

调压橇常见故障、原因及处理方法根据原因参照阀门、过滤器、弹簧式安全阀、切断阀、调压器、流量计、仪表操作规程。

调压橇的维护（见表 3-15）

调压橇的维护内容及标准 表 3-15

序号	维护周期	维护内容	维护标准	备注
1	新置换通气运行一周	（1）过滤器积垢程度检查	过滤器压力表读数或气质清洁程度	
		（2）泄漏检查	所有设备及连接处无泄漏点	
		（3）调压器进出口压力检查	根据当时流量压力在正常范围内	
		（4）用压力记录仪检查调压器出口压力和运行压力运行情况是否正常（24h 运行记录）	压力无突变和无不正常升高或降低	
		（5）用压力表检查调压器切断压力	切断压力正常	

续表

序号	维护周期	维护内容	维护标准	备　注
2	每个月	(1) 漏点检查	所有设备及连接处无泄漏点	
		(2) 检查切断阀启动值和脱扣机构能否正常工作，切断后关闭是否严密	切断阀启动值正常和脱扣机构工作正常，切断后关闭严密	
		(3) 过滤器清洗或更换	观察过滤器压力表读数，当其压损$\triangle P \geqslant 0.02 \sim 0.03$MPa 应清洗或更换滤心	
		(4) 检查调压通道前后阀门	阀门开关灵活	
		(5) 用压力记录仪检查调压器出口压力和运行压力运行情况是否正常(24h 运行记录)	压力无突变和无不正常升高或降低	
3	每年	(1) 每月维护保养内容	参照每月维护保养标准	
		(2) 清洗指挥器、调压器内腔	干净无污垢	
		(3) 更换皮膜	更换同规格合格的皮膜	
		(4) 给活动或传动部件上油	先去污除锈，再均匀上合格的油	
		(5) 吹洗放散阀信号管	干净无污垢	
		(6) 安全放散阀的启动压力值进行校验	安装合格的放散阀	
		(7) 调校仪表精确度	安装合格的仪表	
4	每三年	(1) 每年维护保养内容	参照每年维护保养标准	
		(2) 拆洗调压器所有零部件、切断阀零部件、指挥器零部件、阀门零部件	零部件表面干净无污垢	
		(3) 更换调压器、切断阀、放散阀、阀门中的全部非金属件	更换同型号的非金属件	
		(4) 检查各零部件的磨损及变形情况，必要时更换	各零部件无磨损及变形情况	
		(5) 更换过滤器滤芯	更换同型号过滤器滤芯	
		(6) 各组件及管道外壁的油漆涂层	油漆涂层完好，并做到除锈彻底，刷漆全面	

3.11 火炬系统操作规程

1. 目的

为了规范场站火炬点火作业，保证点火作业安全。

2. 工艺流程操作人员应具备的必要条件

(1) 应具备一定的输气工艺相关知识并熟悉本站工艺流程。

(2) 必须熟悉相关设备的操作规程。

(3) 必须持有压力容器操作许可证。

3. 工艺流程操作人员职责

(1) 操作前负责对工艺系统（包括工艺设备运行状态、介质流向、阀号等）进行检查确认并进行作业安全分析。

(2) 负责组织工艺流程操作。

(3) 在工艺流程操作过程中加强监护和巡检。

(4) 操作完毕后负责确认工艺流程状态。

4. 操作内容

(1) 远程遥控高空点火

1) 在站控室，确认远程控制柜电源已开启上并将点火方式打到远程位置。

2) 检查工艺区自用气橇传火管手动球阀已经打开。

3) 在控制柜上按下1号电磁阀按钮（该按钮具有开关两个指示状态）。

4) 在控制柜上按下高空点火开关，按下点火开关持续时间不能超过10s。

5) 观察高空点火火检1号、2号温度指示有明显上升，否则继续按高空点火开关及检查现场阀门状态。

6) 开现场放空阀，火焰建立，根据工艺要求掌握放空阀开度，控制火焰大小。

7) 再次按下1号电磁阀按钮，复位关闭1号电磁阀。

8) 现场关闭自用气橇传火管手动球阀。

(2) 远程遥控传火管点火

1) 在站控室确认控制柜电源已开启并将点火方式打到远程位置。

2) 检查工艺区将自用气橇传火管手动球阀已经打开。

3) 在控制盘上按下2号电磁阀开关。

4) 在控制盘上按下外传燃点火开关，每次按下点火开关持续时间不能超过10s。

5) 在控制盘上按下3号电磁阀开关。

6) 观察外传燃火检温度指示有明显上升，否则继续按外传燃点火开关按钮及检查现场阀门状态。

7) 开现场放空阀，火焰建立，根据工艺要求掌握放空阀开度，控制火焰大小。

8) 再次按下2号、3号电磁阀按钮，复位关闭2号、3号电磁阀。

9) 现场关闭自用气橇传火管手动球阀。

(3) 就地高空点火

1) 在站控室的远程控制柜上将点火方式打到就地状态。

2) 检查工艺区自用气橇传火管手动球阀已经打开。

3) 在现场控制盘上按下1号电磁阀按钮（该按钮具有开关两个指示状态）。

4) 在现场按下高空点火开关，每次按下点火开关持续时间不能超过10s。

5) 通过观察引火筒火检1号、2号指示灯判断火焰是否建立，否则继续按下高空点火开关及检查现场阀门状态。

6) 开现场放空阀，火焰建立，根据工艺要求掌握放空阀开度，控制火焰大小。

7) 旋转复位1号电磁阀按钮，关闭1号电磁阀。

8）现场关闭自用气橇传火管手动球阀。

（4）就地传火管点火

1）在站控室控制盘上将点火方式打到就地状态。

2）检查工艺区自用气橇传火管手动球阀已经打开。

3）在现场控制盘上按下2号电磁阀开关（该按钮具有开关两个指示状态）。

4）在现场控制盘上按下外传燃点火开关。

5）在现场控制盘上按下3号电磁阀开关。

6）通过观察外传燃火检指示灯判断火焰是否建立，否则继续按下外传燃点火开关及检查现场阀门状态。

7）开现场放空阀，火焰建立，根据工艺要求掌握放空阀开度，控制火焰大小。

8）旋转复位2号、3号电磁阀按钮，关闭2号、3号电磁阀。

9）现场关闭自用气橇传火管手动球阀。

5. 流程操作中应巡回检查的主要内容

（1）应对操作管段上下游压力、压力变化速率等有关参数进行监视，确保控制在合理范围之内。

（2）应加强现场的可燃气体检测，发现泄漏，立即启动相应的应急预案。

（3）应加强对工艺管线与设备振动与噪音的监测，如发现异常需及时调整阀门开度，使其控制在合理范围之内。

（4）放空管周围50m范围内不得有车辆和行人。

（5）100m（顺风方向200m）范围内不得有明火。

6. 应急处置程序

按各站应急处理程序处理应急事件。

7. 相关记录和表单

3.12 监控报警系统操作规程

1. 监控部分

（1）球机操作：使用球机操作键盘一按“切换”转到小屏显示“球机00X”，按“地址”+1（2，3）分别选择1，2，3号球机进行控制，选择好后，用方向摇杆控制球机左右、上下移动，“变倍+”，“变倍一”，控制图像远近。

（2）设置预置位：在球机控制状态下，选择要设置的球机，按“设置预置”小屏上显示“设置预置位”把图像转到需要的位置，按数字，按确认，比如按“1”+“确认”设置预置位“1”设置完毕后按“退出”。

（3）调用预置位：在球机控制状态下，选择要控制的球机，按“调预置位”小屏显示“调预置位”按设置好的预置位数字，比如按“1”就调用该球机的预置位置1，图像转到设置好的位置。

（4）监控图像监看，监控屏显示为16画面，如要对其中一画面重点监控，用鼠标点双击该画面，图像变为单画面，再双击该画面恢复原来状态。

（5）图像回放：点鼠标右键盘，监控屏上出现菜单，选择回放，按提示输入用户名和密码，进入回放界面，选择所需要回放的通道、日期、搜索录像文件，点击需要播放的时间段播放。

2. 报警部分

(1) 布防：在所有防区准备好，键盘上绿灯常亮，输入操作码＋2 布防，比如操作码为 1234，输入 12342，布防成功，红灯亮。

(2) 撤防：在布防状态下，输入操作码＋1，比如操作码为 1234，输入 12341，撤防成功，红灯灭。

(3) 报警：在布防状态下，比如发生报警，警号发出声音，同时键盘上显示防区号如"008"，提示该位置发生报警，撤防一次，报警屏上过保持报警位置信息，在确认无误后，再次撤防消除报警信息。

3.13 压力管道和压力容器壁厚检测作业规程

1. 编制目的

本规程的编制目的是为了规范管道场站和阀室内管线和压力容器的壁厚检测工作，明确检测内容和检测方法，以达到对管线和压力容器的腐蚀情况进行定期监测的目的，为维修和维护提供判断依据，从而确保其安全运行。

2. 适用范围

适用的范围包括燃气管道场站和阀室内的所有管线和压力容器的壁厚检测。其中，埋地管线和带保温层的地上管线的标识方法参考本作业指导书的地上管线标识方法执行。

3. 专业术语

(1) 压力管道：指所有承受内压或外压的管道。压力管道是管道中的一部分，管道是用以输送、分配、混合、分离、排放、计量、控制和制止流体流动的，由管子、管件、法兰、螺栓连接、垫片、阀门、其他组成件或受压部件和支承件组成的装配总成。

(2) 壁厚：管道外径减去内径所得值除以 2 而得到的毫米数。

(3) 腐蚀余量：为防止管道由于腐蚀和机械磨损而导致厚度削弱减薄，而在管道原标准厚度上增加的厚度。

(4) 腐蚀速率：管道每年腐蚀的毫米数，单位 mm/a。

(5) 腐蚀量：管道原壁厚减去现有壁厚而得出腐蚀的毫米数。

4. 检测点的选择

(1) 场站和阀室内各种管径的压力管道的直管段的外观检查及壁厚测量。

(2) 场站和阀室内各种口径的压力管道的关键部位的外观检查及壁厚测量，其具体测厚部位主要包括以下几个方面：

1) 外观产生明显腐蚀的部位。

2) 运行的露天管线弯头背部。

3) 三通背部及拐角处。

4) 变径大小头处。

5) 管线低洼易集液段落。

6) 其他易受严重冲刷部位。

（3）压力容器中易积水、积污等易腐蚀或易受冲刷部位。

5. 检测过程和方法

（1）检测使用的仪器：DC-1000B 智能超声波测厚仪。

（2）检测原理

DC-1000B 系列智能型超声波测厚仪对厚度测量是由探头将超声波脉冲透过耦合剂到达被测体，一部分被物体表面反射，探头接收由被测体底面反射的回波，精确地测量超声波的往返时间并计算出厚度，再用数字显示出来。

（3）检测条件

可以对带压和不带压的并且正在运行的管线或容器进行直接测量。检测前需对被检测点的表面进行简单清理，除去锈、水渍、油污等杂质，保持表面光洁（均匀的油漆涂层不妨碍检测）。

（4）检测方法

1）单点测量法

①测量原理：通过超声波脉冲由被测体底面反射回来的往返时间，计算厚度。

②测量步骤：在被测体上任一点，利用探头测量，显示值即为厚度值。

2）多点测量法：

①测量原理：基于单点测量原理，多次测量，以求减小误差。

②测量步骤：在直径约为 30mm 的圆内进行多次测量，取最小值为厚度值。

3）特殊点测量法

①测量原理：在测量体的同一点用探头进行二次测量，在二次测量中，探头的分割面成 90°，较小值为厚度值。

②测量步骤：探头分割面可分别沿管材的轴线或垂直管材的轴线测量。若管径较大时，测量应在垂直轴线的方向测量；管径小时，应在两方向测量，取其中最小值为厚度值。

4）本作业指导书要求，对于具体腐蚀点采用单点测量法进行测量；对于压力管道的检测和特殊点检测一律采用多点测量法进行测量，每一测量点测量数据不少于三个。

5）检测周期

①针对每一个检测点正常的检测周期为 1 年。

②对已经发生腐蚀的检测点，检测周期需加密，至少每半年一次。

6）DC-1000B 智能超声波测厚仪的主要技术参数

显示方法：128×32LCD 中文点阵液晶显示（带背光）。

显示位数：四位。

测量范围：0.8～200.0mm。

示值精度：0.8～99.9mm±0.1mm。

100.0～200.0mm≤3‰H。

注：H 为测量的金属厚度值（mm）。

声速范围：1000～9999m/s。

测量周期：2 次/s。

自动关机时间：90s。

电源：二节七号（AAA）电池，可连续工作不小于 72h。

使用环境：使用温度：－20～＋50℃。

存储温度：－25～＋55℃。

外形尺寸：108mm×61mm×25mm。

重量：230g（含电池）。

探头数据见表 3-16。

探头数据 **表 3-16**

探头：名称	型号	测量范围/mm	频率/MHz	探头直径/mm	最小管径/mm
普通	PT-08	0.8～200mm	5.0	ϕ10	ϕ20

6. 腐蚀量及腐蚀速率

（1）腐蚀量的计算：原始壁厚－实测壁厚＝腐蚀量

（2）腐蚀速率的计算

（原始壁厚－实测壁厚）/检测时间间隔（年）＝××mm/a

7. 检测点的标识

（1）对于普通直管段的壁厚检测，现场不做明显标记，只在检测记录中记录具体检测数值。

（2）对于普通直管段中的特殊腐蚀点，除在检测记录中做特殊记载外，现场做特殊标记。标记方式采用“户外 3m 标识贴”标示。

（3）对于关键部位的测量，在管线上用“户外 3m 标识贴”标示出来。如图 3-4 所示。

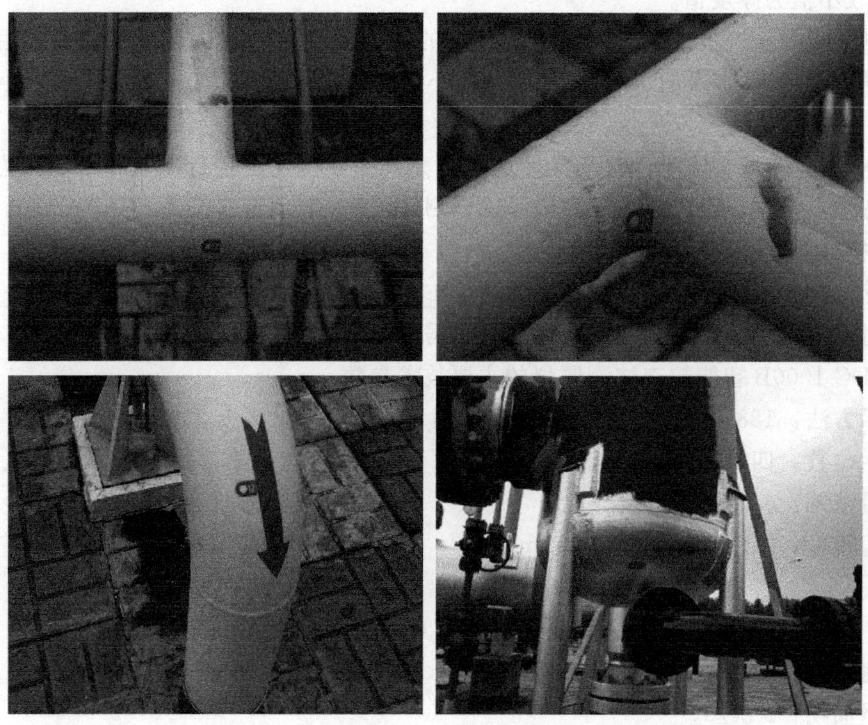

图 3-4 户外 3m 标识贴

8. 安全措施和注意事项

(1) 管线/容器壁厚测量过程中，需严格按照相关安全管理规定进行。

(2) 各单位的测量壁厚人员尽可能保持稳定；选择合适的测量点，以减少人为误差的影响；采用面壁厚测量和点壁厚测量进行对比测量，以保证测量精度。

(3) 测量时，只有测量显示符出现并稳定时，才是有效测量。

(4) 若被测量表面存有大量耦合剂，当探头离开被测体表面时，耦合剂会产生误测，因此测量结束时，应迅速将探头移开被测体表面。

(5) 若探头磨损，测量会出现示值不稳，应更换探头。

(6) 若被测体表面很粗糙或锈蚀严重，用以下方法处理：

1) 在被测体表面使用耦合剂；

2) 利用除锈剂、钢丝刷或砂纸处理被测体表面；

3) 在同一点附近多次测量。

(7) 测量时，避免仪器及探头受到强烈震动；避免将仪器置于过于潮湿的环境中；插拔探头时，应捏住活动外套沿轴线用力，不可旋转探头，以免损坏探头电缆芯线。若探头损坏，应更换探头。

9. 检测结果分析及缺陷评价

(1) 钢管的表示方法钢管的壁厚等级系列的表示方法在不同标准中所表示的方法各不相同。主要有三种表示方法：

1) 以管子表号（Sch）表示：

对于碳钢管壁厚有：Sch10、20、30、40、60、80、100、120、140、160 10个等级；

对于不锈钢壁厚系列有：5S、10S、40S、80S四个等级（数字后面加S，表示不锈钢管）。

2) 以管子重量表示，如STD（标准重量），XS（加厚管），XXS（特厚管）。

3) 以钢管壁厚尺寸表示，即“管外径×壁厚”，如ϕ89×4.0。

（注：本作业指导书规定统一采用“管外径×壁厚”的表示方式）。

(2) 计算每一检测点的腐蚀量和腐蚀速率，记录在相应的记录表单中。

(3) 对已经产生腐蚀的检测点，进行缺陷适用性评价。评价的标准主要采用ASME B31G规定的评价标准和方法。

(4) 根据缺陷的性质和严重程度，评价该管道的适用性。

(5) 依据评价报告，制定缺陷处理方案。

(6) 针对压力容器的特殊点的检测结果中的缺陷，则执行压力容器的有关标准，由当地技术监督部门进行检测，根据其检测报告来执行。

10. 记录和表单

(1) 记录的方法：

在测量过程中，需一人测量，一人记录、监护。测量人应尽可能安排专人负责，以减少人为误差的影响。

记录数据精确到小数点后1位，单位为mm。

(2) 表单格式（见表3-17～表3-19）

1)《关键部位壁厚测量记录》（表单号：JL-GZ07/SY-03）

2）《______站（阀室）压力管道台账》（表单号：JL-GZ07/SY-04）

3）《______站（阀室）压力管道检测（查）记录》（表单号：JL-GZ07/SY-05）

关键部位壁厚测量记录 **表 3-17**

表单号：JL-GZ07/SY-03 单位：××管理处

日期	场站/阀室	测量部位	原始壁厚/mm	测量壁厚/mm	腐蚀量/mm	测量人	备注

________站（阀室）压力管道台账 **表 3-18**

表单号：JL-GZ07/SY-04

序号	编号	规格	埋地/地上	设计压力	材质	长度	保温/裸露	投用日期	备注

______站（阀室）压力管道检测（查）记录　　表 3-19

表单号：JL-GZ07/SY-05

序号	编号	管线外观检查			管线壁厚测量					备注
		检查结果	检查日期	检查人	原始壁厚/mm	测量壁厚/mm	腐蚀量/mm	测量日期	测量人	

3.14 管网及设备设施泄漏检测作业规程

1. 总则

为了规范场站燃气管线及设备设施的泄漏检测工作，提高泄漏检测管理质量，确保场站的安全平稳运行，制定本作业规程；本规程规范日常泄漏检测管理的内容及要求，适用于场站的燃气管线及设备设施的日常泄漏检测管理。

2. 泄漏检测原则、周期

(1) 泄漏检测遵循“全覆盖”与“重点突出”的原则。全覆盖原则是指泄漏检测要覆盖场站的所有燃气管线及其设备设施。重点突出原则是指对不同级别的管线和阀门及法兰其泄漏检测周期应有所不同，确保管网的整体状况处于有效监测。

(2) 泄漏检测周期与泄漏检测时间

1) 根据管线材质、压力等级、防腐材料、使用年限、泄漏（腐蚀）状况、在输配系统中的位置与作用以及燃气管线安全评估等情况综合考虑，将管线划分成不同的安全风险等级，并确定各等级管线的泄漏检测周期。在特殊时间或地点，管线泄漏检测周期可临时适当缩短，以加强对管线的监控。

对安全风险等级最低的管线，其泄漏检测周期应满足下列要求：

①高压、次高压管线每年不少于 1 次；低压钢质管线、聚乙烯塑料管线或设有阴极保护的中压钢质管线，每 2 年不少于 1 次；未设有阴极保护的中压钢质管线，每年不少于 1 次；铸铁管线和被违章占压的管线，每年不少于 2 次。

②新通气管线在 24h 内检查一次，并在一周内进行复测。

2) 管线泄漏检测一般安排在白天进行，尽量避开夏季每日最高气温时段，但根据临时需要，也可安排在夜间进行。

3. 泄漏检测范围

应在下列地方进行管线泄漏检测（对管线附近出现异常情况的，检测范围适当扩大)：

(1) 检测带气管线两侧 5m 范围内所有污水井、雨水井及其他窨井、地下空间等建构筑物是否有燃气浓度。

(2) 检测带气管线两侧 5m 范围内地面裂口、裂纹是否有燃气浓度。

(3) 检测管线沿线的阀井、凝水井、阴极保护井、套管的探测口等是否有燃气浓度；

(4) 除上述地方外，对一般管线，在硬质地面上沿管线走向方向 25m、带气管线两侧 5m 范围内没有污水井、雨水井、阀井、地面裂口等有效检测点的，应沿管线走向方向间隔不大于 25m 设置一个检测孔，检测是否有燃气浓度；对风险等级最低的管线可不大于 50m 设置一个检测孔检测点，检测是否有燃气浓度。

检测孔应满足下列要求：

1) 设置检测孔的位置时应尽量避开其他管线设施密集的区域。

2) 当管线埋深大于 0.5m 时，检测孔的位置应设置在管线的正上方，检测孔的孔底与燃气管线顶部的垂直净距应在 0.2m 以上。

3) 当管线埋深小于 0.5m 时，检测孔的位置应设置在管线外壁两侧 0.2～0.4m 之间，且均匀分布在管线两侧，打孔深度不能超过管线埋深。

4）对硬质道路上的检测孔，宜采取措施保证检测孔不被堵塞，便于下次检测，建议检测孔在设计施工时根据相关需要进行设置。

（5）列入隐患监控的区域、建筑物、构筑物、密闭空间，打探坑或对附近的井室进行泄漏性测量。

（6）泄漏检测作业时如遇有人反映某处有燃气味，应对该处埋地管线扩大检测范围，特别是加强对周围密闭空间的检测，直至查清原因。

（7）庭院燃气管线还应检测引入管的各个接口及其出入地连接处。

4. 泄漏检测工作要求

（1）泄漏检测工作宜两人一组进行，并应穿戴反光衣等必备劳保防护用品，要走到位、检查看到位、仪器检测到位、记录到位。进行检测作业时应注意人身安全防护。

（2）泄漏检测应做到定时、定线、定量、定速、定责。

1）定时：即在规定时段内完成规定的任务；

2）定线：即按照计划路线完成泄漏检测；

3）定量：即按照既定计划，完成当天的泄漏检测任务；

4）定速：人工徒步推车式检漏时，移动速度不能超过1m/s；

5）定责：即泄漏检测员对泄漏检测质量负责。

5. 泄漏检测实施

（1）泄漏检测工作必须使用集团公司可燃气体检测设备采购目录内的产品，应每年检定一次。户外检测应采用泵吸式PPM级检测设备或激光遥距检测仪。

（2）泄漏检测应按照计划实施，泄漏检测人员在泄漏检测前，应检查工具、图纸、报表、记录表格表单等是否齐全完整，检查泄漏检测仪器是否有效、灵敏。

（3）泄漏检测人员应按计划开展检测工作，按要求填写检漏记录、报表。

（4）检测到燃气浓度小于5%LEL时，应根据现场实际情况适当缩小检测孔间距，在浓度较高的检测孔的两侧重新打孔检测，确定浓度最高的地方并做好标记。如疑似泄漏点邻近建筑，应对与建筑之间的电力、电缆、污雨水等管沟、井部位进行检测，包括可能与其连通的建筑内部，如配电室、卫生间等。如确认燃气窜至室内，应立即疏散室内人员，熄灭火源、切断电源，保持良好通风，并上报请求抢险支援。

（5）发现检测点及管线周围地下空间或建构筑物内燃气浓度在爆炸极限下限以上或者发现燃气管线破损、断裂，燃气泄漏到地下空间或建构筑物内时，泄漏检测人员视情况应立即划定警戒范围，打开建构筑物门窗，地下空间应打开泄漏点周边的地下空间（电力、电缆、污雨水井等）井盖，告知周围群众熄灭火源，视情况可关闭相关控制阀门，做好现场安全监护，紧急情况时拨打119、110等请求有关部门协助；等待抢修人员到现场交接清楚后方可离开。其他情况下，泄漏检测人员可在立即上报并做好了现场发现泄漏点位置标识的情况下离开现场。

（6）对泄漏检测人员上报的泄漏信息，应及时组织人员进一步排查，对确认的泄漏点应及时进行抢险抢修，在维修之前，做好现场安全监控。

（7）泄漏检测过程中发现有施工，泄漏检测人员应及时向主管或部门负责人汇报并做好记录，主管或部门负责人应及时安排人员到现场处置；发现违章占压或者其他隐患时，泄漏检测人员应做好记录和上报工作，主管部门应适时派人核实与处置。

（8）泄漏检测部门应每天汇总、统计泄漏检测人员的记录、报表等，形成检漏日志并适时更新隐患管理台账，主管或负责人需审核日志，并视情况修订、调整泄漏检测计划。

（9）每季度对漏点信息进行统计、分析，掌握燃气管线及附属设施的动态变化状况，采取相应的管控措施，防止事故发生。

6. 泄漏检测工作检查、考核

（1）泄漏检测主管（负责人）每月至少组织一次对泄漏检测人员进行泄漏检测质量的检查与考核，并有考核记录和考核结果。

（2）泄漏检测上级主管部门每季度至少组织一次对泄漏检测工作进行考核，并有考核记录和考核结果。

（3）考核结果应纳入对部门、员工的绩效考核之中，与收入挂钩，定期兑现。

7. 制度、流程与资料管理

（1）开展泄漏检测工作，应配套建立下列制度、流程：《燃气管网泄漏检测周期规定》、《泄漏检测作业管理流程》、《泄漏检测作业指导书》、《泄漏检测人员考核办法》等。

（2）此项工作至少应产生下列资料、记录、表格、表单："燃气管线泄漏检测工作计划"、"泄漏检测现场记录""泄漏检测日志"、"隐患管理台账"（可与管网巡查作业隐患台账合并成"管网及其附设设施隐患管理台账"）、"泄漏检测人员考核记录"、"泄漏检测定期统计分析报告"。

（3）泄漏检测记录、报表、日志、台账等共同形成泄漏检测管理档案，资料应定期归档，妥善保存。

（4）隐患未整改前，隐患管理资料长期保存；隐患彻底整改后，其资料保存期不得小于 2 年；其余各种记录、报表、台账等档案资料保存期限不得小于 2 年。

4 燃气输配场站日常管理

天然气在民生工程被广泛使用，由于天然气的易燃易爆性，为了确保储配站的安全运行，必须掌握天然气输配的基本知识，加强输配场站各个环节的管理，充分体现管理就是效益的原则，使输配场站实现安、稳、长、满、优运行。管理干部须知“管事先管人，管人先管思想”意识，从思想意识作培训，在燃气行业建立学习型组织，深入推进燃气五化建设（制度化、职业化、信息化、精细化、标准化），打造卓越燃气行业（企业）团队；燃气行业必须坚持“安全是基础，效益是中心”行业理念，燃气行业人员熟知以下管理四大方针：

安全管理方针：辨识危害、规范行为、消除隐患、四不放过。

环保管理方针：梯级利用、清污分流、末端治理、循环使用。

生产管理方针：管生产就是管工艺指标。

设备管理方针：控制入口、维护保养、计划检修、规范行为。输气输配场站基础管理工作如下：场站管理工作标准化、规范化；完善基础管理制度，做到有章可循，按章办事；以人为本，苦练岗位内功；完善生产管理的考核、监督机制；落实预防和纠正措施；夯实四项基础管理；加强燃气企业文化的培育和形成。

4.1 输配场站管理标准

场站管理工作是项具体的工作，基础管理就是就是要对这些具体工作制定出衡量工作效果的标准，制定出指导开展具体工作的行为规范和操作手册，这样我们的基础工作才能不走样，不变调。工作标准、规范是场站自觉履行岗位职责的航标，没有标准现场管理就失去了方向。在工作标准、规范面前人人平等，不允许有差别。有了标准、规范员工的工作就自觉地与标准看齐、与规范靠拢。实现记录报表标准化、操作方法标准化、巡回检查标准化、检查考核标准化、管理体系标准化、工作流程标准化、设备维护保养规范化、行为语言的标准化等内容。

1. 输配场站标准化管理标准

概念：建立三级网络（公司、片区、场站），规范三项管理（人员分工、场站制度、场站台账），实现一个目标（打造具有燃气行业特色的标准化场站）。

(1) 适用范围

企业所有天然气输配场站。

(2) 人员分工

明确 1 长 6 办工作职责，1 长即站长，6 办即：激励主办、安全主办、培训主办、会议主办、站费主办、思想动态主办，若根据班组实际需要还需增设主办的，由场站提议，组织讨论通过后增设，到片区（公司）备档。

（3）场站制度

1）建立并推行 6 项制度，即场站分配制度、绩效评价制度、培训制度、会议制度、激励制度、场站费管理制度。场站可根据实际情况建立其他管理制度，但必须报上级备档。

2）《场站分配制度》：根据本场站实际情况，建立起适应本场站成员的分配制度。

3）《绩效评价制度》：怎么正确评价场站员工的绩效，要具体设立关键控制绩效点。

4）《培训制度》：针对各场站实际情况进行培训。

5）《会议制度》各场站每月必须召开至少一次班会，开会时必须至少邀一名领导参加，并做好记录。

6）《激励制度》具体约束性的考核条款和奖励条款。

7）《场站费制度》各场站应做好经费收支台账，场站费支出必须由场站长签字同意。每月底张榜公布。

（4）场站台账

建立并推行 4 本台账，即场站会台账、场站费台账、激励台账、绩效评价台账。若根据本站实际需要还需增设台账的，由该站提议组织讨论通过后增设。

（5）场站审核

1）各班组认真推行场站标准化。

2）审核：各场站之间开展交叉互审，审核内容为场站标准化相关内容，制度审核流程：公司总监下审核计划——→场站交叉审核——→上交审核报告——→行政总监审阅——→报公司。

3）上交资料：每月 25 日场站长上交场站标准化推进综述。

（6）精神文明

1）场站在集会或开展活动时应自发组织激情调动活动，如唱歌等。

2）对于公司组织的集体活动，安排到场站，场站应无条件派人参加。

（7）场站上交报表

场站考核每月 25 日上交到片区（公司）主管。

（8）本标准由公司管理部负责解释、考核，从 2017 年 5 月 1 日起开始执行。

2. 场站倒班人员工作流程管理标准

概念：规范二项管理（工作流程、交接班会）

（1）适用范围：燃气企业场站各班组。

（2）倒班交接流程（如图 4-1 所示）。

（3）接班人员必须按规定时间提前到岗，交班人员应办理交接手续后方可离去。

（4）交班人员应提前做好交接班准备：

1）整理报表及检修、操作记录。

2）核对模拟屏、微机显示与实际是否相符。

3）设备缺陷、异常情况记录。

4）核对并记录好消防用具、公用工具、钥匙、仪表及备用器材等。

5）作好所辖区域的清洁卫生。

（5）交接班时应交清以下内容：

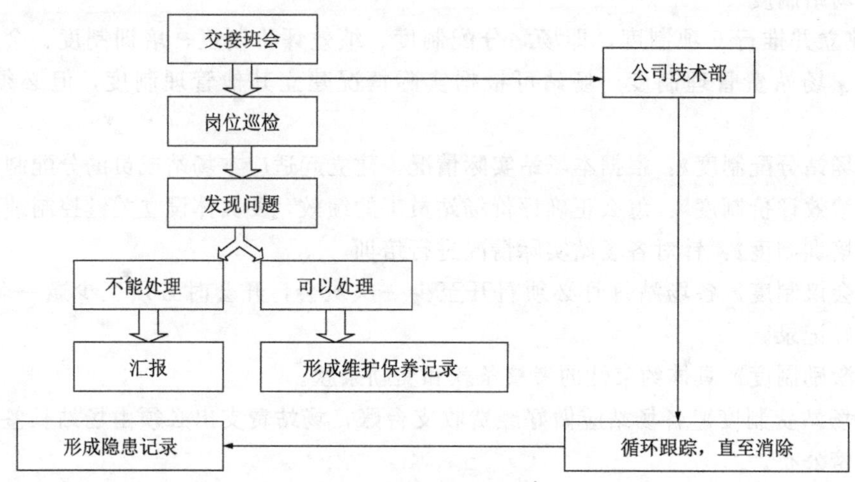

图 4-1 倒班交接流程图

1）设备运行方式、设备变更、异常、事故、隐患等情况及处理经过。

2）保护和自动装置运行及保护定值的变更情况。

3）设备检修、试验情况，安全措施布置情况。

4）巡视检查中发现的缺陷和处理情况。

5）当班已完成和未完成的工作及有关措施。

（6）接班人员接班时应作好下列工作：

1）查阅各项记录，检查负荷情况、音响、信号装置是否正常。

2）了解重大操作及异常事故处理情况。

3）巡视检查设备、仪表等，了解设备运行情况及检查安全措施布置情况。

4）核对安全用具、消防器材，检查工具、仪表的完好情况、钥匙、备用器材等是否齐全。

5）检查周围环境及室内外清洁卫生状况。

（7）遇以下情况不准交接班：

1）接班人员班前饮酒或精神不正常。

2）发生事故或正在处理故障时。

3）设备发生异常尚未查清原因时。

4）正在重大操作时。

（8）时间要求：控制在 15min 以内。

（9）应形成的记录：班长班前会记录，员工可不做记录。

（10）本标准由公司管理部负责解释、考核，从 2017 年 7 月 1 日开始执行。

3. 场站设备分级管理标准

概念：规范三级管理（A 类、B 类、C 类），控制五大环节（巡检标识、防护、运行状况、异常上报、归档）。

（1）适用范围

公司所有电气设备。

(2) 设备分级

1) A 类设备：发生故障后对安全、生产有重大影响导致系统大减量或停车、故障率极高地电气仪表设备。各片区可以结合本片实际情况将 A 类设备细分为 A+、A-。

2) B 类设备：发生故障后引起减量、造成生产波动的电气仪表设备。

3) C 类设备：除 A 类、B 类以外的其他电气仪表设备。

(3) 巡检标识

1) 控配电室

①控配电室名称标识牌标示清楚，变压器室及各台变压器名称标示清楚。配电室门口和变压器附近“配电重地，闲人免进”或“高压危险”的醒目标识完好。

②配电室主母排和分支母排相序标志明显完好。

③每面配电柜正反面编号清晰一致。

④进门附近配电柜的正面柜门上张贴有此配电室内所有回路的平面排列图；每种回路的控制原理图张贴在与之对应的柜门上。

⑤每条线路在接头附件要有标签，标签上的编号或文字必须清楚明了。

⑥仪表电源、DCS 电源、连锁电源（包含零线）标识清晰明显。

2) DCS 室

①总供电示意图（包括 UPS 联络电源来源和去向）。

②分支开关标识。

③卡件标识。

④安全栅或继电器位置标识。

⑤交换机网络标识。

⑥光纤收发器标识。

⑦操作电脑电源标识。

3) 现场设备

①机泵编号清晰且与设备、与配电室编号一致。

②控制箱编号清晰且与设备、与配电室编号一致。

③电机起停按钮颜色、安装位置顺序符合常规，旋转开关方向对应起停功能标识清晰。

④机泵供电位置明确标注在控制箱上。

⑤机泵保养及校验时间在机泵醒目位置挂牌。

⑥现场仪表对应安全栅、卡件等标识清楚。

⑦现场仪表工艺用途标识清楚。

⑧管线、场站设置的关键设备，如在用线路截断阀、快开盲板，应坚持定期活动操作。

⑨对衔接高低压系统的重要阀门，必须密切监视阀前阀后压力表示值，严防该阀内漏串通，损坏低压系统的仪器仪表及其他意外事故的发生。

⑩场站受压容器的检测必须按劳动部颁发的《固定式压力容器安全技术监察规程》TSG 21—2016 和《在用压力容器检验规程》（劳锅字［1990］3 号）的规定进行。

(4) 巡检安全防护

1）控配电室的屋顶完好情况，是否漏雨，门窗应关闭，防止雨水、粉尘和腐蚀性气体渗入配电室。

2）控配电室门口活动挡板完好，电缆沟、桥架、变压器母线桥进桥口等处孔洞密封情况，防止老鼠、蛇类等动物进入配电室。

3）电缆沟、孔洞的封堵采用阻燃材料。

4）电缆沟是否有积水。

5）配电室电气专用、安全用具（操作手柄、拉手、绝缘棒、绝缘夹钳、验电笔、绝缘手套、橡胶绝缘靴等）。

6）柜门平时要关闭，电缆和柜体直接接触的地方要加绝缘护套，防止电缆损伤。

7）高压配电柜前地面上要铺设绝缘垫。

8）灭火器的完好情况。

（5）巡检运行状况

1）配电室

①降温设施是否正常开启。

②室温是否正常。

③配电室内外应经常打扫、清理，做到无杂物、无蜘蛛网，保证通道畅通，干净整洁。

④变压器高低压触头、进线开关、所有刀闸、A类设备回路接头温度。

⑤灭灯检查或夜巡，看有无打火放电、闪烁现象。

⑥是否有焦煳味等异常气味。

2）DCS室（PLC室）

①室温及空气正压开启情况。

②主控器状态及负荷。

③24V电源模块工作状态。

④UPS电源工作状态。

⑤接线端子发热情况。

⑥网络状态。

⑦卡件状态。

⑧计算机状态。

3）现场设备

①电机、控制箱防雨情况，防腐蚀情况，控制箱门是否关闭严实，电流指示是否正常。

②电机风扇罩、接线盒、地脚螺栓、大小端盖紧固螺杆、接地线外观无松动。

③电机机体、首尾端轴承温度及声音。

④电机震动情况。

⑤电机接线盒处电缆、引线接头温度，是否有焊锡等金属融化物滴落。

⑥电机轴承盒处是否有润滑脂溢出。

⑦电机首尾端轴承注油设施是否完好。

⑧变压器油位，是否漏油。

⑨变压器温度，降温风扇开启情况。

⑩变压器运行声音，振动。

⑪变压器瓷瓶、瓦斯继电器、压力释放器、油枕等附件完好情况。

⑫变压器门、缩完好。

⑬仪表巡检必须到操作室询问操作人员或查看操作纪录，是否存在设备缺陷。

⑭查看电脑报警及曲线。

⑮现场仪表接线防水、接地、防腐（螺栓要抹黄油）情况。

⑯引压管、阀门、变送器、压力表等连接点泄漏情况。

⑰调节阀定位器润滑及限位。

⑱空气排污阀的开启检查空气质量。

⑲电机、控制箱、变压器及现场仪表卫生情况。

⑳周围是否有其他危及电机、变压器等电仪设备正常运行的可能存在（如蒸汽、酸碱液等）。

（6）异常上报

1）员工对A类设备需每天进行一次认真巡检。保持现场卫生，做好防腐工作，发现异常情况应及时处理，并报告上一级领导。

2）对B类设备需每3～7天巡检一次。

3）对C类设备由各片区自行根据实际情况进行巡检。

4）对A类设备的检查必须做到逢修必检，对A类设备的校验按照《校验规程》进行校验检查。

5）因临时性任务或生产需要的紧急任务，而不能按照正常的规定程序、方式方法及周期进行巡检的，在下次巡检时，应注明上次没有巡检的原因。

（7）设备归档

1）各片区、维护班组应建立A类设备档案，包括上线、维护、维修等记录。

2）片区可根据生产实际，在一定时间或一定范围内将B类设备升级为A类设备进行管理。也可将A类设备降级为B类设备，但必须及时修改设备档案（电子版）。

3）对A类设备的运行情况，每月要形成设备综述上报部门。对A类设备的巡检记录各片区应至少保存一年。

4）所有A类设备必须张贴醒目的红“A”标识，其回路中重要的节点、易操作的部件也应张贴红“A”标识，以防误操作。

（8）本标准由公司技术部负责解释、考核，从2017年7月1日开始执行。

4. 计量设施管理标准

（1）总则

为了保证计量设备顺利投用，准确计量，规范分输计量管理，依据《中华人民共和国计量法》、《中华人民共和国产品质量法》、《中华人民共和国计量法实施细则》与能源部、国家计委《关于石油、天然气计量交接的规定》制定本管理标准。

（2）计量设施投用条件

计量设施总体要求

①计量设施的功能确认项目包括流量计、配套仪表（温度变送器、压力变送器、流量

计算机、分析仪表）、附属设备（直管段、整流器、比对管路、取样口、检定口等）。

②计量设施的防爆、隔离、吹洗、脱脂、密封和接地措施符合设计文件规定。

③计量设施检定合格的印记和铅封应完整、有效。

④计量系统中的计量仪表应由 UPS 供电，计量仪表电源电压采用 24V，并配备备用电池。

⑤具有远程诊断功能的流量计算机及超声流量计应接入西气东输远程诊断网络平台，现场具有远程路由。

⑥计量设施应进行检查、检定或校准和试验，确认符合设计文件要求及产品技术文件所规定的技术性能。仪表的校准和回路试验（包括流量回路、压力回路、温度回路）应满足《自动化仪表工程施工质量验收规范》GB 50093—2017 要求。

⑦流量计算机柜内布线应简洁、整齐，所有现场来线有对应编号，无裸露导线。

⑧相关内容参见表 4-1《计量设施功能确认表》。

计量设施功能确认表 **表 4-1**

<table>
<tr><td rowspan="15">资料的确认</td><td>标准的配置</td><td>天然气交接计量站点应配置必要的标准、规程、规范。天然气交接计量管理适用的主要标准、规程、规范参见附录 A，确认时可根据交接协议和具体情况做适当增减</td></tr>
<tr><td rowspan="4">档案资料</td><td>(1) 设计文件，包括设计图纸、设计变更单和设计联络单等</td></tr>
<tr><td>(2) 检验报告单及原始记录，包括仪表安装检查、隐蔽工程、电缆（线）测试、接地电阻测试、仪表管道脱脂和压力试验、仪表检验和试验、计量回路试验等</td></tr>
<tr><td>(3) 计量器具技术档案，包括设备名称、规格型号、制造厂家、计量器具使用说明书、软件备份、检定/校准或产品合格证书。计量器具证书上的主要技术指标应满足《天然气计量系统技术要求》GB/T 18603 要求</td></tr>
<tr><td>(4) 交接计量人员应经过规定的专业培训，并获得相应的证书</td></tr>
<tr><td rowspan="9">规章制度</td><td>(1) 西气东输贸易计量管理规定</td></tr>
<tr><td>(2) 计量器具安全运行操作规程</td></tr>
<tr><td>(3) 计量器具管理制度，包括使用、核查、维护保养制度等</td></tr>
<tr><td>(4) 计量档案管理制度</td></tr>
<tr><td>(5) 巡回检查责任制及计量岗位巡检路线图</td></tr>
<tr><td>(6) 岗位责任制度、岗位交接班制度</td></tr>
<tr><td>(7) 事故报告、处理制度</td></tr>
<tr><td>(8) 卫生制度</td></tr>
<tr><td>(9) 安全管理规定</td></tr>
</table>

续表

<table>
<tr><td rowspan="7" colspan="2">计量设施总体要求</td><td>(1) 计量设施的功能确认项目包括流量计、配套仪表(温度变送器、压力变送器、流量计算机)、附属设备(直管段、流动调整器等)等</td></tr>
<tr><td>(2) 计量设施的防爆、隔离、吹洗、脱脂、密封和接地措施符合设计文件规定</td></tr>
<tr><td>(3) 表示计量设施检定合格的印记和铅封应完整、有效</td></tr>
<tr><td>(4) 计量系统中的计量仪表应由 UPS 供电,计量仪表电源电压采用 24V,并配备备用电池</td></tr>
<tr><td>(5) 具有远程诊断功能的流量计算机及超声流量计应接入西气东输远程诊断网络平台、现场具有远程路由</td></tr>
<tr><td>(6) 计量设施应进行检查、校准和试验,确认符合设计文件要求及产品技术文件所规定的技术性能。仪表的校准和回路试验(包括流量回路、压力回路、温度回路)应满足国家现行《自动化仪表工程施工及质量验收规范》GB 50093 要求</td></tr>
<tr><td>(7) 流量计算机柜内布线应简洁、整齐,所有现场来线有对应编号,无裸露导线</td></tr>
<tr><td rowspan="16">流量计</td><td rowspan="3">流量计检定要求</td><td>(1) 大于或者等于 $DN250$ 的流量计需要增加检定口</td></tr>
<tr><td>(2) 在线实流检定口上应设置截止阀,截止阀要求选用零泄漏、密封性能好的全通径阀门</td></tr>
<tr><td>(3) 站内道路的转弯半径不应小于 12m</td></tr>
<tr><td rowspan="7">超声流量计</td><td>(1) 超声流量计的设计、安装应符合设计要求及《用气体超声流量计测量天然气流量》GB/T 18604—2014 要求</td></tr>
<tr><td>(2) 超声流量计应具备声速检验所需的各项功能</td></tr>
<tr><td>(3) 超声流量计表体上至少有一个 4～10mm 的取压口,用于与压力变送器连接进行静压测量,压力变送器应采用绝压变送器</td></tr>
<tr><td>(4) 电源、信号电缆采用多股铜芯屏蔽电缆,线芯截面积按设计要求;电源线与信号线应分别安装在不同的接线箱,接线端子应标识清晰</td></tr>
<tr><td>(5) 超声流量计设置的声道长度应与技术说明书中规定的一致</td></tr>
<tr><td>(6) 超声流量计在零流速下各声道测得的气体流速应小于《用气体超声流量计测量天然气流量》GB/T 18604 的规定</td></tr>
<tr><td>(7) 超声流量计的流量计系数应与检定证书一致</td></tr>
<tr><td rowspan="6">涡轮流量计</td><td>(1) 涡轮流量计的设计、安装应符合设计要求及《用气体的涡轮流量计测量天然气流量》GB/T 21391 要求</td></tr>
<tr><td>(2) 涡轮流量计表体上应至少有一个 4～10mm 的取压口,用于与压力变送器连接进行静压测量</td></tr>
<tr><td>(3) 涡轮流量计具有双高频脉冲输出,一路用于计量,另一路参与比对</td></tr>
<tr><td>(4) 涡轮流量计的仪表系数 K 及流量点系数设置应与检定证书一致</td></tr>
<tr><td>(5) 放空阀应放在涡轮流量计的下游</td></tr>
<tr><td>(6) 投产初期,涡轮流量计应单独加装过滤网</td></tr>
</table>

续表

<table>
<tr><td rowspan="25">配套仪表</td><td rowspan="3">温度变送器</td><td>（1）温度变送器的测量范围、压力等级应符合设计文件规定</td></tr>
<tr><td>（2）温度变送器应安装在外保护套管上，并在保护套管内注入硅油。当管线设计压力高压等于 4.0MPa 时，应用焊接式外保护套管；当管线设计压力低于 4.0MPa 时，可用法兰式或螺纹式外保护套管</td></tr>
<tr><td>（3）在每条流量计测量管路的下游管段上安装温度变送器，并将测温孔设在流量计下游距法兰端面（2～5）D 之间。温度计套管应伸入管道至公称内径的大约三分之一处，对于大口径管道（大于 300mm，温度计套管会产生共振）温度计的设计插入深度应不小于 75mm</td></tr>
<tr><td rowspan="7">压力变送器</td><td>（1）压力变送器的测量范围、压力等级应符合设计文件规定</td></tr>
<tr><td>（2）压力变送器的端部不应超出设备或管道的内壁</td></tr>
<tr><td>（3）压力变送器应安装在温度变送器上游侧</td></tr>
<tr><td>（4）导压管与气分析的取样导管不能共用</td></tr>
<tr><td>（5）差压测量管路的正负压管连接正确，安装在环境温度相同的位置</td></tr>
<tr><td>（6）不应在导压管低处安装仪表，以防止液体或污物沉积出现错误压力读数</td></tr>
<tr><td>（7）压力测量采用绝对压力变送器，与流量计算机传输数据支持数字通信方式</td></tr>
<tr><td rowspan="2">直管段/流动调整器</td><td>（1）流量计直管段必须与流量计同心、同径</td></tr>
<tr><td>（2）超声、涡轮流动调整器的结构类型、在上游直管段的安装位调整器配置以及流量计直管段长度应分别按《用气体超声流量计测量天然气流量》GB/T 18604、《用气体的涡轮流量计测量天然气流量》GB/T 21391 的要求进行配置</td></tr>
<tr><td rowspan="13">流量计算机</td><td>（1）流量计算机与流量计应是一对一配置</td></tr>
<tr><td>（2）流量计算机可接收现场的流量、温度、压力、组分等信号，并进行补偿计算</td></tr>
<tr><td>（3）流量计算机具备显示、累积、存储等功能</td></tr>
<tr><td>（4）至少提供 4 个通信接口，分别用于组态、数据传输、打印以及与在线色谱通信</td></tr>
<tr><td>（5）流量计算机中设置的标准参比条件应符合现行《天然气标准参比条件》GB/T 19205 或合同规定</td></tr>
<tr><td>（6）流量计算机显示的变量，应采用法定计量单位</td></tr>
<tr><td>（7）检验压力变送器是表压类型还是绝压类型，保证流量计算机数据处理时所采用的压力值正确</td></tr>
<tr><td>（8）流量计与色谱分析仪通信中断时，应该采用色谱替代值</td></tr>
<tr><td>（9）支持在操作条件下的瞬时体积流量计算和在标准参比条件下的瞬时体积流量计算及各自体积流量的累积计算</td></tr>
<tr><td>（10）支持瞬时质量流量计算及质量流量累积计算</td></tr>
<tr><td>（11）支持在标准参比条件下的瞬时能量流量计算及能量流量累积计算</td></tr>
<tr><td>（12）支持小信号切除功能</td></tr>
<tr><td>（13）天然气标准条件下的瞬时流量和累积流量计算标准，天然气压缩因子计算标准和天然气发热量、密度、相对密度和沃泊指数的计算标准，应符合相关标准或合同要求</td></tr>
</table>

续表

<table>
<tr><td rowspan="10">分析仪表</td><td colspan="2">（1）天然气品质分析测量设备的测试项目和执行标准应符合现行国标《天然气》GB 17820 要求。A 级站必须配备表 1 所列的在线品质分析设备，总硫由具备分析能力的实验室定期取样分析；B 级站和 C 级站应由具备分析能力的实验室定期取样分析，获得发热量、O_2、N_2、CO_2、C_1～C_{6+}、硫化氢、水露点、总硫含量数据</td></tr>
<tr><td colspan="2">（2）品质分析测量设备的铭牌应清晰可见，表示品质分析系统合格的印记和铅封完整、有效</td></tr>
<tr><td colspan="2">（3）天然气计量站需设置离线取样口和在线取样口，取样口设置应满足《天然气取样导则》GB/T 13609 的要求。离线取样口和在线取样口应尽量靠近，并均做伴热保温处理。取样探头的位置应在阻流元件的下游至少 20 倍管径处，并在水平管上部，取样探头应插到管直径 1/3 处。对于在线检测，由取样口到分析小屋的样品管线需架空铺设</td></tr>
<tr><td colspan="2">（4）在线气相色谱仪的各项技术指标应符合国家现行标准《天然气的组成分析气相色谱法》GB/T 13610 或《用气相色谱法测定天然气中规定的不确定的组分》ISO 6974 要求。按《在线气相色谱仪》JJG 1055 要求定期进行校准。在线色谱仪的自校准周期不大于 1 周。仪器应配置符合现行《天然气发热量、密度、相对密度和沃泊指数的计算方法》GB/T 11062 要求的物性参数计算软件</td></tr>
<tr><td colspan="2">（5）具有在线色谱分析仪的场站增加计量设备时，流量计算机应接入在线色谱数据，并采用在线色谱组分参与流量计算</td></tr>
<tr><td rowspan="4">（6）气体标准物质</td><td>1）应采用国家二级或国家一级气体标准物质。气体标准物质应具有国家认可的标准物质证书</td></tr>
<tr><td>2）使用的标准物质应在有效期内</td></tr>
<tr><td>3）标准物质的使用及保存条件应满足要求</td></tr>
<tr><td>4）应使用和气质相匹配的气体标准物质，应符合国家现行标准《天然气的组成分析气相色谱法》GB/T 13610、《天然气含硫化合物的测定第 3 部分：用乙酸铅反应速率双光路检测法测定硫化氢含量》GB/T 11060.3、《在线气相色谱仪》JJG 1055、《硫化氢气体分析检定规程》JJG 695 的要求</td></tr>
</table>

（3）流量计

1）流量计检定要求

①大于或者等于 $DN250$ 且小于 $DN400$ 的流量计需要增加检定口及检定管路。

②在线实流检定口上应设置截止阀，截止阀要求选用零泄漏、密封性能好的全通径阀门。

③站内道路的转弯半径不应小于 12m。

2）超声流量计

①超声流量计的设计、安装应符合设计要求及现行国标《用气体超声流量计测量天然气流量》GB/T 18604 要求。

②超声流量计应具备使用中检验所需的各项功能。

③超声流量计表体上至少有一个 4～10mm 的取压口，用于与压力变送器连接进行静压测量，压力变送器应采用绝压变送器。

④电源、信号电缆采用多股铜芯屏蔽电缆，线芯截面积按设计要求；电源线与信号线应分别安装在不同的接线箱，接线端子应标识清晰。

⑤超声流量计设置的声道长度、声道距离应与技术说明书中规定的一致。

⑥超声流量计在零流速下各声道测得的气体流速应小于现行国标《用气体超声流量计测量天然气流量》GB/T 18604 的规定。

⑦超声流量计的流量计 K 系数和曲线修正系数应与检定证书一致。

3）涡轮流量计

①涡轮流量计的设计、安装应符合设计要求及《用气体涡轮流量计测量天然气流量》GB/T 21391 要求。

②涡轮流量计表体上应至少有一个 4～10mm 的取压口，用于与压力变送器连接进行静压测量。

③涡轮流量计具有双高频脉冲输出，一路用于计量，另一路作为备用参与比对。

④涡轮流量计的仪表 K 系数及流量点系数设置应与检定证书一致。

⑤放空阀应放在涡轮流量计的下游。

⑥投产初期，涡轮流量计应单独加装过滤网，运行一个月后拆除。

4）配套仪表

①温度变送器

A. 温度变送器的测量范围、压力等级应符合设计文件规定。

B. 温度变送器应安装在外保护套管上，并在保护套管内注入硅油。当管线设计压力高于 4.0MPa 时，应用焊接式外保护套管；当管线设计压力低于 4.0MPa 时，可用法兰式或螺纹式外保护套管。

C. 在每条流量计测量管路的下游管段上安装温度变送器，并将测温孔设在流量计下游距法兰端面 2～5D 之间。温度计套管应伸入管道至公称内径的大约 1/3 处，对于大口径管道（大于 300mm，温度计套管会产生共振）温度计的设计插入深度应不小于 75mm。

②压力变送器

A. 压力变送器的测量范围、压力等级应符合设计文件规定。

B. 压力变送器的端部不应超出设备或管道的内壁。

C. 压力变送器应安装在温度变送器上游侧。

D. 导压管与气分析的取样导管不能共用。

E. 差压测量管路的正负压管连接正确，安装在环境温度相同的位置。

F. 不应在导压管低处安装仪表，以防止液体或污物沉积及出现错误压力读数。

③直管段/整流器

A. 流量计直管段必须与流量计同心、同径。

B. 超声、涡轮整流器的结构类型、在上游直管段的安装位置以及流量计直管段长度应分别按《涡轮流量计运行维护规程》Q/SY XQ22—2003、《通用润滑油基础油标准》Q/SY XQ 112—2009、《超声流量计运行维护规程》Q/SY XQ 21-2010 的要求进行配置。

④流量计算机

A. 流量计算机一般要求

a. 流量计算机与流量计应是一对一配置。

b. 流量计算机可接收现场的流量、温度、压力、组分等信号，并进行补偿计算。

c. 流量计算机具备显示、累积、存储等功能。

d. 至少提供4个通信接口，分别用于组态、数据传输、打印以及与在线色谱通信。

B. 流量计算机设置

a. 流量计算机中设置的标准参比条件应符合国家现行《天然气标准参比条件》GB/T 19205或合同规定。

b. 流量计算机显示的变量，应采用法定计量单位。

c. 检验压力变送器是表压类型还是绝压类型，保证流量计算机数据处理时所采用的压力值正确。

d. 无在线色谱分析或流量计与色谱分析仪通信中断时，应具备手动输入组分替代值功能。

C. 流量计算机功能

a. 支持在操作条件下的瞬时体积流量计算和在标准参比条件下的瞬时休积流量计算及各自体积流量的累积计算。

b. 支持瞬时质量流量计算及质量流量累积计算。

c. 支持在标准参比条件下的瞬时能量流量计算及能量流量累积计算。

d. 支持小信号切除功能。

D. 流量计算机计算标准

天然气标准条件下的瞬时流量和累积流量计算标准，天然气压缩因子计算标准和天然气发热量、密度、相对密度和沃泊指数的计算标准，应符合相关标准或合同要求。

5）分析仪表

①天然气品质分析测量设备的测试项目和执行标准应符合现行国家标准《天然气》GB 17820要求。

②品质分析测量设备的铭牌应清晰可见，表示品质分析系统合格的印记和铅封完整、有效。

③天然气计量站需设置离线取样口或在线取样口，取样口设置应满足现行国家标准《天然气取样导则》GB/T 13609的要求。离线取样口和在线取样口应尽量靠近，并均做伴热保温处理。取样探头的位置应在阻流元件的下游至少20倍管径处，并在水平管上部，取样探头应插到管直径1/3处。对于在线检测，由取样口到分析小屋的样品管线需架空铺设。

④在线气相色谱仪的各项技术指标应符合国家现行标准《天然气的组成分析气相色谱法》GB/T 13610或ISO 6974要求。按《在线色谱仪》JJG 1055要求定期进行检定或校准。在线色谱仪的自动检定周期不大于1周。

⑤具有在线色谱分析仪的场站增加计量设备时，流量计算机应接入在线色谱数据，并采用在线色谱组分参与流量计算。

⑥气体标准物质

A. 应采用国家二级或国家一级气体标准物质。气体标准物质应具有国家认可的标准物质证书。

B. 使用的标准物质应在有效期内。

C. 标准物质的使用及保存条件应满足要求。

D. 应使用和气质相匹配的气体标准物质，应符合国家现行标准《天然气的组成分析气相色谱法》GB/T 13610、《天然气含硫化合物的测定第 3 部分：用乙酸铅反应速率双光路检测法测定硫化氢含量》GB/T 11060.3、《在线色谱仪》JJG 1055、《硫化氢气体分析检定规程》JJG 695 的要求。

（4）资料的确认

1）标准规范的配置

天然气交接计量站点应配置必要的标准、规程、规范。天然气交接计量管理适用的主要标准、规程、规范参见相关文件，确认时可根据交接协议和具体情况做适当增减。

2）档案资料

①设计文件，包括设计图纸、设计变更单和设计联络单等。

②检验报告单及原始记录，包括仪表安装检查、隐蔽工程、电缆（线）测试、接地电阻测试、仪表管道脱脂和压力试验、仪表检验和试验、计量回路试验等。

③计量器具技术档案，包括设备名称、规格型号、制造厂家、计量器具使用说明书、软件备份、检定/校准或产品合格证书。计量器具证书上的主要技术指标应满足现行国家标准《天然气计量系统技术要求》GB/T 18603 要求。

④交接计量人员应经过规定的专业培训，并获得相应的证书。

（5）投入运行

1）流量计在投用过程中应先打开进口旁通阀，给管道缓慢充气，然后缓慢打开进口截止阀（至少持续 1min），避免流量计过高差压或过高流速，给管道缓慢加压，达到流量计的运行压力（注意：压力剧烈震荡或不当的高速加压会损坏流量计）。

2）检查所有的法兰连接处和引压接头及温度传感器的插入接头处是否有气体泄漏。

3）超声流量计最高流速不超过 30m/s，涡轮流量计充压速度不超过 35kPa/s。

4）观察压力、温度、瞬时流量的数值曲线，查看计量设备相关数据，进一步查看计量设备是否正常。

5）投产之后运行 72h，与门站计量数据进行比对。进一步核查计量系统的准确度。

5. 机泵保养管理标准

概念：规范三项管理（润滑保养周期、其他维护保养、保养记录），确保机泵周期保养率大于等于 95％。

（1）适用范围

1）异步电动机。

2）380V 电机。

（2）润滑保养周期

1）二级电机

①带注油孔的，每月注油一次，每次注油须将废油排放。每次注油量不超过轴承盒容量的 1/3。

②不带注油孔的，每 2 个月进行一次补油。

③每 6 个月一次更换轴承并保养电机。

2）四级电机

①带注油孔的，每 3 个月注油一次，每次注油须将废油排放。每次注油量不超过轴承盒容量的 1/2。

②不带注油孔的，每 4 个月进行一次补油。

③每年一次更换轴承并保养电机。

3）六级电机

①带注油孔的，每 4 个月注油一次，每次注油须将废油排放。每次注油量不超过轴承盒容量的 2/3。

②不带注油孔的，每年进行一次补油。

③每 2 年一次更换轴承并保养电机。

4）八级及以上电机

八级及以上电机根据情况灵活处理，但最长时间不得超过 3 年。

5）不能按周期进行保养的，应缩短注油周期，进行升级管理，并做好记录。

注：以上所规定时间为累计运行时间。

（3）其他维护保养

设备维护保养应与计划检修结合进行，设备保养应有明确的质量标准，易损件应定期检查、更换；设备备品配件应有足够的储备，对易损件必须供应及时；设备润滑应实行定人、定质、定点、定量管理；定期检查润滑剂质量；润滑油宜实行密闭过滤、输送和加注；润滑脂宜实行密闭保存和加注。

1）更换轴承时必须仔细检查轴承质量，严格按要求装配。

2）每次电机保养时必须仔细检查接线盒、引线、电缆鼻子等相关设施，对于高压电机原设计的接线盒内的支柱瓷瓶，予以取消，采用直接连接，绝缘处理。根据检查情况对引线进行更换，必要时可要求做电气试验。

3）高压电机进行保养时还必须对定子线圈进行清灰。若是开启式高压电机引线应定期更换。

4）如在保养周期内，电机出现异常情况，可视情况提前进行保养。

5）到期需要进行维护保养的，必须以书面的联系单形式报生产部、事业部要求停机保养，超过保养期限没有进行保养，又无特殊情况说明的，20 元/台次；造成事故的，将进行责任追究。

（4）维护保养记录

所有电机的润滑保养、其他维护保养、检查接线盒、引线、电缆鼻子、清灰等情况都必须在《电机设备档案》上做好记录，确保档案的完整性。

（5）本标准由技术部负责解释、考核，从 2017 年 7 月 1 日开始执行。

6. 仪表作业管理标准

概念：规范仪表作业的管理，明确仪表检修作业规程，确保检修合格率 100%。

（1）适用范围

公司内所有仪表检修作业项目。

（2）票证办理

1）电仪工进行现场检修施工、维护作业，必须实行作业票制。没有办理作业票，禁止现场作业。

2）作业票按作业类别分为一般作业、重要作业、重大作业。作业票必须填写作业内容、作业时间、作业人员、安全措施及检修方案。

①一般作业：日常巡检发现的故障处理、零星检修作业；DCS系统，UPS电源的放电、控制柜内检查、计算机清灰等。

②重要作业：高温系统（如蒸汽、高温物料）停车降温后，紧固与工艺连接的部件，如法兰、调节阀填料、调节阀阀体上下阀盖等地方；强腐蚀系统（如尿素、有机）停车泄压后，与工艺相连的仪表管件，如测温套管、调节阀阀芯等。

③重大作业：重要调节阀（如新老尿素P4阀、脱碳调节阀），涉及阀门故障直接影响停车或大减量的重要阀门；重要的报警连锁系统（如压缩机油压连锁、冰机油压连锁、烧碱A区电解的相关连锁、PVC联锁等），以及重要的安全连锁装置。

3）作业票办理流程：

一般作业：由检修项目负责人编制→站长→片长签字。

重要作业：检修方案必须由站长编制→片长→公司技术部。

重大作业：检修方案必须由站长编制→片长→公司技术部→公司总工程师。以上作业均需相关人员审批后方可实施。

（3）安全措施

1）作业前，电仪人员必须做好危害辨识和风险评估，并落实好相应的防范措施，必要时应制订应急预案，经部门生产总监批准后，方可进行现场作业。

2）现场作业必须实行一人作业一人监护，在确认作业对象、作业方案无误后，方可实施作业。

3）修改设定值或其他原因进人系统时，必须由技术员或DCS人员到现场指导、配合和监护，避免发生误动作。

4）对现场任何设计修改，由各事业部以书面的工作联系单交部门执行。

5）故障设备需更换时，必须由技术员确认后，方可进行更换。并在设备检修记录本上详细记录工作时间及内容备案。

6）作业时需一人作业一人监护，严格按照作业步骤操作，谨防出现误操作事件。

7）设备装置正常生产期间，在机柜间内进行停/送电操作及更换电源保险和系统卡件等作业时需有技术员到场确认和监护。

（4）工作程序：

1）现场一般指示仪表维护作业

①在检修方案上填写仪表作业具体内容及具体操作步骤；办理检修作业票。

②工艺人员签字确认并经确认仪表位号无误后进行仪表作业。

③作业时必须一人操作一人监护。

④作业结束后，联系工艺人员一同确认仪表设备交付使用。

⑤作业人员与工艺人员双方在作业票上签字封闭。

2）控制回路一次仪表（现场测量）作业

①在检修方案上填写仪表作业具体内容及具体操作步骤。

②到相关生产岗位办理检修作业票，确认工艺操作人员将回路切至手动控制。

③工艺人员签字确认并经确认仪表位号无误后进行仪表作业。

④作业时必须一人操作一人监护。

⑤作业结束后，联系工艺人员一同确认仪表设备交付使用。

⑥作业人员与工艺人员双方在作业票上签字封闭。

3）调节阀检修作业

①在检修方案上填写仪表作业具体内容及具体操作步骤。

②到相关生产岗位办理仪表作业票，确认工艺操作人员将回路切至手动控制。

③联系工艺操作人员将现场调节阀切至旁路。

④工艺签字交出并确认调节阀已切出后进行检修作业。如调节阀要下线，必须将导管排空并经工艺确认，方可下线。

⑤作业时必须一人操作一人监护。

⑥作业结束后，联系工艺人员一同确认仪表设备交付使用。

⑦工作票双方签字封闭。

⑧需外单位人员检修调节阀时，岗位维护人员按照以上步骤办理相关手续并现场监护、配合检修。

4）关键仪表、联锁仪表作业

①关键仪表及联锁仪表作业前，各片区进行危害辨识和风险评估。

②编写相关作业方案，报部门审核、公司领导审批。

③办理检修作业票，明确作业内容、作业步骤、防范措施。

④联锁回路需办理联锁解除工作票。

⑤通知技术员到场指导。

⑥作业时一人作业一人监护，严格按照审批后的作业方案步骤执行。

⑦作业结束后，需岗位人员、电控部、安环部三方共同确认。

⑧工作票封闭（联锁回路办理联锁恢复手续）。

5）系统组态修改

①任何修改/新增仪表组态作业（包括用 HART 通信器等队智能变送器的组态等），必须以书面通知为准。

②作业前需编制方案、填写检修作业票，注明作业具体内容。经 DCS 技术员签字后进行组态作业。

③组态作业时必须由计算机主管现场指导、配合和监护，避免发生误动作。

④组态作业完成后需 DCS 维护人员及工艺人员共同确认，达到要求后签字交出。

⑤DCS 维护人员出具组态修改的书面记录，包括组态内容、组态修改人、修改时间等。

⑥作业票封闭、存档。

6）计量、分析表作业

①计量或分析仪表人员现场作业时需办理检修作业票。

②与工艺人员现场确认设备交出情况。

③工艺签字交出仪表设备后进行仪表作业。

④进行机柜间内仪表作业时，必须有一人到场全程监护，必要时通知技术员到场确认监护，防止误动作。

⑤作业结束后，检修人员需对作业进行核查并做好记录。

⑥计量或分析表维护人员与工艺人员共同确认仪表交付使用。

⑦工作票封闭、存档。

7）仪表停电作业

①进行仪表回路停电作业前，维护人员需确认该供电回路上的负荷情况，确认供电回路停电操作不会影响到生产正常操作。必要时通知片长、生产总监现场确认。

②编制检修方案，明确停电范围及具体操作步骤。

③办理检修作业票，通知生产岗位作业内容及产生的影响。

④工艺人员确认并采取相应的防范措施后，仪表维护人员进行停电操作。

⑤操作时需一人操作一人监护，必要时通知片区技术员到场监护。

⑥作业完成后，送电前由片区技术员进行确认，避免发生短路造成上级供电跳闸。必要时联系生产总监确认。

⑦送电结束后封闭工作票、存档。

8）DCS 系统故障处理

①DCS 出现系统故障时，片区尽快组织进行抢修，确保工艺生产不受影响。及时通知 DCS 维护人员到场。

②出现硬件故障需要更换时，DCS 维护人员到场确认、监护更换。

③更换前，应对该项作业进行危害识别与风险评估，同时需要编制详细的作业方案，计算机主管审核后方可实施。

④作业前，DCS 维护人员应联系生产岗位，通报仪表作业内容及可能产生的后果，工艺车间做好防范措施。办理好作业票后方可进行仪表作业。

⑤实施作业时，应一人操作一人监护，严格按照作业方案的步骤实施。

⑥作业完成后，由 DCS 维护人员、计算机主管共同确认更换部件工作正常投用。

（5）本标准由电控部负责解释、考核，从 2008 年 7 月 1 日开始执行。

7. 计算机管理标准

概念：规范两项管理（生产系统计算机、办公室计算机）

（1）生产系统计算机

1）各片区计算机维护人员建立计算机台账，包括计算机型号、生产厂家、使用工段、计算机编号等内容。

2）各片区计算机维护人员每周检查一次岗位计算机的运行状况（包括生产操作是否正常、计算机内存状况、硬盘空间、软件安装及使用情况等），并将检查情况记录在《设备检修记录本》上。

3）各片区的计算机维护人员在每月的 26 日前将本片的 DCS 运行情况、下月的工作重点及难点交到计算机主管。计算机主管对各片区的台账实行不定期检查，发现不符合规定的，一次罚款 20 元。

4）各系统计算机管理人员要监管岗位操作工只能用计算机做与本岗位相关的生产操作，禁止对计算机进行与生产无关的操作，包括：退出监视系统、玩游戏、打字、重启动电脑、拆卸硬件、改变计算机系统设置、在计算机上安装其他无关软件及擅自关闭音响报警器，私自挪动电脑位置等以上情况一经发现，将进行严厉处罚。若计算机管理人员没有发现或发现后没有制止应负一定连带责任。

5）控制系统卡件、主机、显示器等主要硬件的变更（包括更换、拆除、安装等）应做好记录。

6）硬件的变更应至少两人在场，以防误操作。

7）计算机除安装必需的应用软件外，原则上不安装其他无关软件。

8）各片区与控制系统相关的物资计划由各片区负责人批准，并上交计算机主管备档；对于更换下来的配件，能修则尽快送修，不能修理的则应做好报废记录。

9）DCS 系统程序下装一个月只允许集中下载一次，并且要制定详细的下装方案。特殊情况，生产部强制下装，必须由分管生产的副总签字认可。

（2）生产系统 UPS 电源

1）生产系统 UPS 电源是专供 DCS 系统及生产系统计算机供电，它是经 UPS 将 220VAV 交流市电转变成稳定的 220VAC 交流电，以保证 DCS 系统及计算机稳定运行。

2）UPS 电源主要供 DCS 控制室电源及操作台计算机电源、光纤收发器电源、交换机电源等。

3）严禁在生产系统 UPS 电源线路如电源插座接任何用电设备如应急灯、手机充电器、照明及大功率用电设备，避免对生产系统产生影响，以上情况一经发现，将进行严厉处罚。若计算机管理人员没有发现或发现后没有制止应负一定连带责任。

（3）办公室计算机

1）办公室计算机由技术处统一建立台账，并上交计算机主管备档。

2）各办公室计算机的责任人为办公室内最高职位的员工。

3）办公室内计算机严禁安装各类大小游戏及各种娱乐性质的软件。

4）笔记本电脑在综合管理处登记备案，由部长统一调配，其报废由部门综合管理员统一负责。

（4）本标准由技术部负责解释、考核，从 2017 年 7 月 1 日开始执行。

8. 特巡管理标准

概念：规范两项管理（开关站及配电室设备特巡），达到一个目标（隐患受控率 100%）

（1）适用范围

本站工艺管线设备及配电室。

（2）开关站及配电室设备特巡

1）特巡条件

①设备投运、事故及设备异常时（检修后投入的设备、新设备投入运行后）。

②雷雨天气及天气突变时。

③环境温度达 35℃时。

2）特巡内容

①交接班时，应对重点设备进行一次全面的外观及发热情况检查。

②设备发生故障或存在隐患，带病运行时，应加强巡检频次，且应记录变化情况。

③遇雷雨天气，生产管理人员、维护班长必须到现场巡视，查找生产中异常情况。

④环境温度达35℃时，运行人员应到各配电室进行熄灯检查。

⑤特巡时，对设备及其周围环境（主控室、高压室的门窗、电缆沟的防鼠堵漏）是否完好，都应全面检查，有问题时应立即处理，以防事故发生。

(3) 汇报

在特巡过程中，发现缺陷（可能危及设备、人身安全或引发事故时），应立即通知有关人员协助处理，同时汇报上级领导，处理完毕后还应监视其运行情况。

(4) 记录

所有特巡记录必须记录到站长记录本上。

9. 输配场站工器具管理标准

(1) 总则

1) 为加强工器具的管理，确保各类工器具在保管、检验、使用、维修和报废各环节得到有效控制，确保员工在使用各类工器具过程中的人身安全，提高工器具的完好率和利用率，延长其使用寿命，降低生产成本，特制订本细则。

2) 本制度适用于管理处各站队的个人工器具、公用工器具的管理，绝缘安全工具和形成固定资产的工器具另行管理。

(2) 定义及分类

1) 个人工器具：指按照工作需要项目单位长期借用由个人保管使用的工器具及仪器。公用工器具：指由部门统一保管的工器具及仪器，包括大型的工器具及仪器。形成固定资产的工器具：指单价2000元及以上的大型工器具。

2) 工器具的分类：包括钳工工具、电动工具、气动工具、起重工具、液压工具、安全工具、测量器具、焊接工具、切削工具、试验器具、土木工具、专用工器具、其他工具等。

(3) 职责

1) 生产运行科负责制度的执行、监督、检查及考核。

2) 各站队负责人负责监督落实本管理细则的实施。

3) 站队各专业技术人员负责建立本专业相应的工器具台账，负责新增工器具的台账补充。每季度对工器具台账一次更新，并报生产运行科专业人员审核、备案。

4) 仓库保管员负责汇总工器具台账，负责库存工器具的发放、回收及保管。

5) 工器具领用人及单位全面负责各类工器具的使用、保管、保养和维护。

(4) 使用、保管、存放

1) 工器具保管由领用单位负责。个人领用的基本工具由领用人妥善保管，爱护使用。站队需建立个人工具台账，注明领用数量、时间等相关内容。若丢失由领用人负责赔偿。

2) 公用工具由站队长或指定人员负责管理。站队需建立公用工具台账，并定期进行检查、维护保养。若丢失由责任人赔偿。

3) 所有工器具原则上不准借与其他单位、部门或个人使用，特殊原因需要借用，必须由管理处相关部门批准，主管处长签字同意。同时应出具借条，明确归还时间，并按期收回，若有丢失，按价赔偿。

4) 工器具的使用周期一般不低于3年，对于易损工器具使用周期一般不低于1.5年。

如不到规定的使用周期，工器具因损坏需提前更换，要说明原因，并以旧换新。

(5) 工器具使用注意事项

1) 工器具的使用者应熟悉工器具的使用方法，否则不准使用。

2) 工器具的使用者，在使用前应认真核查合格证是否在有效期内，并进行使用前的常规检查。不准使用无合格证、合格证超过有效期以及外观有缺陷等常规检查不合格的工器具。

3) 外界环境条件不符合使用工器具的要求时、使用者佩戴劳动保护用品不符合规定时不准使用。

4) 工器具的使用者应按工器具的使用方法规范使用工器具，爱惜工器具，严禁超负荷使用工器具，严禁错用工器具，严禁野蛮使用工器具。

5) 不得随意将现有工器具改作其他工具，确因作业需要必须改做的，必须经管理处相关部门许可，改做后的工器具纳入专用工具管理，并在工器具台账上予以注明。

6) 工器具使用安全注意事项见安全规程的相关章节。

(6) 工器具的存放

1) 工器具应摆放整齐，堆放合理、牢固，便于发放、回收、保管。

2) 安全工器具及手动工器具应无油污、无杂物、无缺损。

3) 工器具标志应齐全、清晰醒目。

4) 根据工器具存放特性要求，采取防雨、防潮、防火、防盗、防腐、防风、防冻、防爆、防砸、防有害气体等项措施。

5) 淘汰不合格的安全工器具及手持电动工器具应单独隔离存放保管，同时必须醒目标明“不合格工器具，严禁使用”的标志。

6) 妥善保存产品说明书及使用说明书。

(7) 考核

因保管不善、使用不慎，造成丢失损坏的纳入绩效考核。

10. 合理化建议、绿色场站论文管理标准

概念：规范两项管理（合理化建议、绿色场论文），控制四大环节（申报、采纳、奖励、跟踪）

(1) 合理化建议

1) 内容

①部门管理。

②生产隐患整改、技术革新。

③双拧双高、挖潜增效、双五项目、绿色场站。

2) 申报

①班组每月 20 号向所在片区上报本班合理化建议情况。片区在每月 25 日前将合理化建议的采纳情况反馈给班组，并制定责任人、时间节点。

②各片区每月 25 日交部门合理化建议主管汇总。

③双拧双高主管于每月 8 日前将各片区的“合理化建议”进行筛选、分类，对“双拧双高”、“双五”、“绿色场站活动”未落实及已落实项目汇总后电子版上交到企管部。

3) 采纳

合理化建议一经片区采纳，责任人必须按照具体的方案、时间节点进行完成。提议人即为该项建议的督办人，其应督办责任人在规定的时间内完成建议内容。

4）奖励

①凡片区采纳的合理化建议奖励100元/条，其中部门奖200元，片区奖200元。

②双拧双高、双五项目、绿色宜化被公司采纳奖励的，部门不再奖励，按公司奖励标准发放。

5）跟踪

每月部门随机抽查合理化建议项目落实情况。

（2）"绿色场站"论文

1）内容

①论题现状。

②原因分析。

③攻关过程及实施措施。

④结论：控制要点或控制方法（尽量表格化）；攻关效果（附效益测算）。

2）格式要求

①标题：黑体、小二号，与正文之间空一行。

②正文

A. 正文小标题：字体为黑体、小四号。

B. 正文字体：仿宋_GB2312、小四号。

C. 正文行间距：20磅。

D. 页面设置：上、下、左、右页边距均为2.5cm，装订线0.5cm。

③页眉页脚

A. 字体：楷体、小五。

B. 间距：单倍行距，页眉、页脚边距均为1.5cm。

3）评比

部门绿色场站论文主管择优向公司推荐，由公司评比后获奖人员按公司奖励标准发放，部门不再进行奖励。

（3）本标准由公司综合部负责解释、考核，从2017年5月1日起开始执行。

4.2 燃气输配场站岗位职责

建立场站岗位职责，进一步明确上至场站站长下至场站员工的职责和任务，做到分工负责，形成夯实基础工作上下齐抓共管的局面。以下输配场站各岗位职责属上墙职责，燃气行业每个企业都有各自的特点，只作参考。

1. 输配场站站长岗位职责

（1）在上级的领导下，完成加气站的各项工作任务。

（2）负责加气站的全面管理工作。

（3）遵守并负责检查本站员工各项规章制度和操作规程的执行情况。

（4）全面掌握站内的各项业务流程、事故应急预案。

(5) 负责加气站对内对外的协调工作。

(6) 负责加气站各种计划、总结的编写。

(7) 负责人员和各项工作任务的安排。

(8) 负责本站职工队伍技术素质的提高及员工业绩考核、考勤的情况。

(9) 负责本站的消防和安全工作及本站职工的岗位人身及财产安全。

(10) 确保本站安全运行、设备完好、加气正常。

(11) 完成领导交办的临时性任务。

2. 场站专职安全员职责

(1) 严格执行《输配场站生产管理制度》和《入站须知》，对不符合条件的车辆人员要坚决禁止入站，并及时发现和消除站内各种安全隐患，制止一切违章操作的人和事。

(2) 负责站内安全隐患的排查，按规定对各岗位安全生产进行检查监督，协助站长进行日常检查，并详细记录检查结果。

(3) 定期检查站内外的各种安全标志的完好情况，负责安全标志的悬挂及维修。

(4) 掌握站内消防器材的配置质量，技术性能和使用方法，发现问题及时上报处理。

(5) 作好防火防盗工作，确保加气站的安全。

(6) 负责站内日常安全宣传工作，组织各项安全活动。

(7) 负责站内安全培训工作，定期进行安全培训，提高每位员工的安全意识，并做好相关记录。

(8) 完成领导交办的其他临时性工作。

3. 班长岗位职责

(1) 在站长的领导下，协助站长完成加气站的各项工作任务。

(2) 遵守本站的各项规章制度，并协助站长监督执行。

(3) 熟练掌握站内的各项业务流程、事故应急预案。

(4) 负责当班加气工作、处理各项加气业务。

(5) 与调度联系加气情况及安排加气作业。

(6) 负责站内加气设备的运行管理。

(7) 负责本班的设备维护、维修工作。

(8) 负责做好交接班工作。

(9) 做好优质服务工作，处理解决好各种业务矛盾。

(10) 完成领导交办的临时性任务。

4. 运行工岗位职责

(1) 在班长的领导下，完成加压作业的各项工作任务。

(2) 遵守本岗的各项规章制度，认真执行操作规程。

(3) 熟练掌握本岗位的操作流程。

(4) 负责橇块内所有设备及仪表的操作运行。

(5) 负责橇块内所有设备及仪表的巡检、抄表记录。

(6) 负责站内管道、设备的安全运行。

(7) 负责站内消防设施的日常检查工作。

(8) 负责对外安全生产调度，登记相关记录、建立档案。

(9) 不断钻研业务，提出改进工艺的合理化建议。

(10) 负责工作现场的卫生工作。

(11) 完成领导交办的临时性任务。

5. 维修工岗位职责

(1) 在班长的领导下，完成加气站各项维修工作任务。

(2) 遵守本岗的各项规章制度，认真执行操作规程。

(3) 熟练掌握本岗位的操作流程。

(4) 负责站内设备的日常维护保养及检修工作。

(5) 负责归档登记本岗的技术资料和操作记录。

(6) 负责作业区的卫生。

(7) 配合设备厂家对设备进行的保养、维修作业。

(8) 不断钻研业务，提出改进工艺的合理化建议。

(9) 完成领导交办的临时性任务。

6. 电工岗位职责

(1) 负责保证加气站用电设备及照明电路的正常运行，及时维修保养，消除事故隐患。

(2) 遵守本岗的各项规章制度，认真执行操作规程。

(3) 熟练掌握本岗位的操作流程。

(4) 负责站内电气设备的日常维护保养及检修工作。

(5) 负责归档登记本岗的技术资料和操作记录。

(6) 负责本操作区的卫生。

(7) 不断钻研业务，提出合理化建议。

(8) 完成领导交办的临时性任务。

7. 财务核算员岗位职责

(1) 在班长的领导下，完成加气站各项营业款的收取任务。

(2) 遵守本岗的各项规章制度，认真执行操作规程。

(3) 熟练掌握本岗位的操作流程。

(4) 熟悉财务制度和财经纪律，以及加气站现金、电子货币卡、发票等管理制度。

(5) 熟悉商品价格和收款开票程序，为顾客提供快捷、准确、优质的服务。

(6) 妥善保管发票、印章、现金和支票等，严防丢失。

(7) 公司财产（收银机、验钞机、收银台、电脑等）的保养。

(8) 做好交接班工作，负责填制本班销售报表。

(9) 负责岗位范围内的卫生，保持环境整洁。

(10) 完成领导交办的临时性任务。

4.3 输配场站管理制度

建立完善的规章制度是基础管理的首要任务，没有规矩不成方圆，建立切实可行的规章制度是保证各项生产活动有序进行的前提，按制度办事我们的生产活动才不会出问题。

制度是规范我们各项活动的行为准则。场站有许多工作要做，哪些工作必须做，哪些事不能做，都要有明确的制度约束，使场站每个员工明白自己责任，若不履行会受到制度处罚，做到制度明确，责任清晰。比如：安全生产责任制、设备维护保养制、日常巡检制度、违章处理制度等。

1. 安全检查制度

(1) 检查内容

查安全思想认识、查安全管理工作开展情况、查制度执行情况、查燃气设备运行状况、查安全设施情况、查员工安全保护意识、查各种事故隐患、查劳动安全作业环境、查事故处理情况。

(2) 检查形式

1) 全面安全大检查

①由公司安全部组织有关部门有关人员组成检查小组。

②结合输配场站实际情况，及节假日、气候变化、季节等特点组织检查。

③检查重点内容为输配场站的安全设施配备情况及维护记录，检查基础档案、台账和事故隐患。

④检查组发现隐患，应及时下发整改通知书，制定整改方案并组织落实，查出的较大事故隐患应上报安全保卫部备案。

2) 月度安全例行检查

①由管网运行部负责人、安全员、技术员、设备管理员等联合组成安全例行检查组，对重点要害部位、燃气设施进行检查。

②每月组织一次，可与全面安全大检查并检。

③检查重点是检查员工的安全意识，制度执行情况、施工现场及燃气设备运行状况、安全设施运行情况、员工安全保护意识、各种事故隐患、劳动安全作业环境，以现场查看为主，检查组对发现的问题要求各班组、站点限期整改。

3) 周安全检查

①由输配场站站长、班长、专（兼）职安全管理员等组成，各自对责任区进行周安全检查。

②每周组织一次，可与月度安全例行检查并检。

③检查现场，发现隐患及时整改，提出安全管理合理化建议。

4) 安全突击检查

①运营管理部门按照布置或自行组织进行专项抽查。

②时间不定，可与月、周安全检查并检。

③抽查重点是查制度执行情况、燃气设备运行状况及现场查阅基础资料和台账，了解布置的任务完成情况，形成专项检查报告。

5) 日常安全检查

①安全管理员对燃气设备的安装、调试、验收、试运转、保养、检修、大修及停产，必须进行安全监督检查。

②设备管理员根据部门实际，对特种作业、特种设备、特殊场所要建立自查制度，对储气瓶组等压力容器、锅炉、运输车辆等要进行定期与不定期专业检查。

③岗位操作工在各自业务范围内，应经常进行岗位安全检查，抵制违章指挥，杜绝违章操作，发现不安全因素应及时上报有关部门解决。各级领导对上报的隐患必须认真予以处理。

(3) 安全检查工作的基本要求：

1) 各类检查必须使用专用检查表，如实填写。

2) 各类检查应有工作记录，检查中发现的问题，应开具《隐患整改通知单》，制定整改期限，制定整改方案，落实整改人员，并将整改结果上报。

3) 运营管理部门要建立检查档案，收集基础资料，掌握部门整体安全状况，及时消除隐患，实现安全工作的动态管理。

2. 交接班制度

(1) 交接班的时间：每个生产班结束之前半小时以内为交接班时间，接班人应根据生产特点、工艺情况在此时间内提前上岗接班。未进行交接班或交接班未结束之前，交班人不得离开岗位。

(2) 交接班的组织工作，应由上一班次和下一班次的班长、代班长负责或值班人与接班人直接交接。

(3) 交接班的内容：班组运行记录；设备工作情况，各种阀门的开关情况；储罐存量、压力的变动情况和进出气情况；本班次内发现并处理了哪些隐患问题，还遗留什么问题，重点应注意哪些部位；清点交接工具及通信设备。

(4) 要认真填写交接班记录，记录要有固定的书面格式，交接班人要逐项填写清楚，接班人要详细询问，现场检查核实清楚后，由双方班长在记录上签字。

(5) 当班人员应完成本班次任务，本班次发现的安全隐患，应在本班次内消除，如存在客观原因无法处理时，应及时报告领导，并向下一班交接清楚。如本班应该解决，也能够解决的问题而故意留待下一班，或接班人实地检查设备运行工况与交接班提供的情况不符合不清楚时，接班人有权拒绝签字，并及时向领导报告。

(6) 在交接班过程中出现的问题和事故，由交班人负责。在接班人签字后所发生的一切事故由接班人负责。

(7) 交接班记录必须书写工整，不能用铅笔写，并要妥善保存好，不得涂改、撕毁。交部门保存以备待查。

严格按照"上不清下不接"的原则进行交接班，即对于上一班工作中该处理的问题没有处理完毕，下一班人员不进行接班。

3. 例会制度

(1) 输配场站每周召开一次例会，临时出现特殊原因需要延期召开的，应提前通知，遇重大问题临时召开紧急会议。会议应有专门记录，每次会议的相关资料、记录列入档案保存。

(2) 应及时分析生产形势与问题，传递生产指令，沟通管理信息，根据生产任务，讨论安排有关工作。

(3) 因出差等特殊原因不能参加例会的人员，应提前向站长请假。

(4) 所有参加例会的人员应提前 5min 到达会议室。

(5) 所有参加例会的人员应将手机关机或设为振动。

(6) 由会议主持人控制会议的进程，力求合理分配时间，有效形成决议。防止在某一提案上展开长时间的辩论，并提醒与会人员不要再回到已经有决议的提案。

(7) 会议主持人控制会议的内容，保证会议能够围绕主题，突出重点。

4. 巡检制度

(1) 巡检内容

1) 日检

①设备有无“跑、冒、滴、漏”情况，如有问题及时处理。

②加气岛：管路连接部位有无漏气现象，接地线是否牢固，加气软管的放置是否合理。

③增压系统、气动系统及槽车：检查管路连接部位、各阀门有无漏气、漏油现象，并记录压力，温度、油位等参数。各零部件是否牢靠。

④消防器材：各处消防器材是否齐备、灭火器压力是否合格。

⑤各部位卫生情况：由班长巡查，协调各班长做好卫生工作。

⑥在值班记录上详细记录检查情况。

2) 周检

①完成日检应检查的内容。

②增压系统和气动系统：设备的清洁卫生情况；工艺管道及设备有无漏气；工艺管道及设备上所有阀门是否灵活可靠；各种计量表、压力表、温度计是否准确完好。

③仪表间：配电柜、中控台上仪表，指示灯是否正常完好；配电柜内电源裸露部位是否有异物；各触点接触是否灵敏。

④调压间：所有设备管道的查漏（用肥皂水）；所有阀门启动是否灵活；报警器、轴流风机是否灵敏。

⑤消防设备：消防栓、消防水带、灭火器是否齐备；消防栓、消防水泵启动是否正常；检查时对消防设备进行清洁整理。

⑥在值班记录上详细记录检查情况。

⑦周检一般在周一进行。

(2) 巡检方法：应按巡回检查路线处、点检查，同时携带便携式可燃气体检测仪器检漏，并做到看到、听到、摸到、闻到。

(3) 巡回检查过程一旦发现异常情况应及时处理，对生产影响较大而处理不了地及时向领导汇报。

(4) 巡回检查结束后，应将巡回检查及事故处理情况详细认真的填写在《巡检记录》上，并编集表格，内容有故障点、原因、整改人、时间、效果。

5. 设备管理制度

(1) 操作人员对设备必须做到“四懂三会”，即懂结构、懂原理、懂性能、懂用途、会使用、会维护保养、会排除故障。

(2) 按照操作规程正确使用设备，做到启动前认真准备确认。启动后反复检查，停车后妥善处理，严禁设备泄漏、超压、超负荷运行。

(3) 设备日常维护实行定人、定期保养，做到“三勤一定”，即勤检查、勤保养、勤擦扫、定时准确记录。

(4) 合理利用“听、推、擦、看、比”五字操作法，定时定点检查设备的声响、压力、温度、振动、油位、液位、紧固等情况的变化，发现问题及时处理，记录并及时上报。

(5) 设备添加、增加加臭剂、更换润滑油、防冻液等要严格按照定人、定点、定质、定时、定量“五定”工作，油品添加更换工作严格按“三级过滤”原则进行。

(6) 定时对设备、电器、仪器仪表和安全防护装置进行维护保养，确保其安全可靠运行。

(7) 夏季做好设备散热保冷工作，冬季做好设备防冻保温工作。

(8) 维护设备做到不见脏、乱、锈、缺、漏，设备内外、生产场地清洁达到“三无”即无油污、无积尘、无杂物。

(9) 严格按安全操作规程操作设备，严禁超负荷使用设备。

(10) 设备的日常保养由岗位操作人员负责，小中大修由专业人员负责，使设备保持良好的技术状态，并认真填写设备维护修养记录。

(11) 压力容器和防爆设备，应严格按照国家有关法律法规进行使用，并按规定的检验周期定期进行校验。

(12) LNG储罐的静态蒸发率、夹层真空度应定期检测，储罐基础完好状况应定期检查。立式LNG储罐的垂直度应定期检测。

(13) 储罐、管道上的安全附件（安全阀、压力表、液位计等）以及增压阀、降压调节阀应完好可用，并应定期检验合格。

6. 外进站人员管理制度

(1) 进站人员必须遵守站内各项管理规定。

(2) 严禁在站区内吸烟及使用明火。

(3) 严禁携带火种、严禁携带易燃易爆物品入站。

(4) 进入站区的人员、车辆必须接受值班人员的监督检查。

(5) 进入加气站生产区的非工作人员（参观人员除外），需持有本人有效证件或公司安全部门审批的许可证方可入站。

(6) 参观人员需持有上级主管部门签发的介绍信，并需有公司人员陪同方可入站。

(7) 除停放停车场内车辆外，其他所有入站车辆必须加戴防火帽。

(8) 严禁穿钉鞋入站，进入生产区一律穿着防静电服装。

(9) 进入加气站生产区内必须关闭呼机、手机。

(10) 加气站内禁止拨打手机。

(11) 未经同意，禁止动用站内任何消防设施和工具。

(12) 未经公司批准，站内禁止拍照和录像。

(13) 机动车辆进入生产区需加佩戴防火帽，或熄火进入站内。

(14) 外来办事车辆必须按指定位置停放，不得随意停放。

(15) 外来车辆进入站区必须进行登记，出站时要主动接受检查，经检查后方可出站。

(16) 需要进入站区内施工的车辆，要携带上级主管部门颁发的进站施工许可证，佩戴防火帽后进入站区，必须停放在施工规定区域内。

(17) 驾驶人员要严格执行进站人员管理规定，严禁在站区内随意走动。严禁随车携带无关人员进入站区。

(18) 参观人员必须将火种、易燃易爆物品交值班人存放，将手机、传呼机等通信工具关闭。

(19) 参观人员应按照指定或带领的路线参观，未经陪同人员许可，不得随意在站内走动或动用站内任何设施。

7. 安全标志管理制度

(1) 安全标志是指在人员容易产生错误而造成事故的场所，为了确保安全，提醒人员注意所采用的一种特殊标志。

(2) 安全标志对生产中不安全因素起警示作用，以提醒所有人员对不安全因素的注意，预防事故的发生。

(3) 公司在生产、施工、运营过程中必须按国家、行业有关规定及视现场安全情况设置必要的安全标志。

(4) 重点防护部位、作业点必须设置安全标志。

(5) 安全标志不得随便挪动、破坏。

(6) 定期检查安全标志，及时更换、维修标志。

(7) HSE管理办公室负责对各加气站安全标志进行检查、监督，对没按规定树立安全标志的加气站进行处罚，并限期整改。

8. 消防安全管理制度

(1) 建立健全消防组织，明确防火责任人，并报上级部门备案，人员变动时，要及时补报。

(2) 成立义务消防员，按计划组织、训练和灭火演习，根据情况每年不少于4次。

(3) 按时认真检查消防器材，消防水量，每天检查一次，水量不足时要及时补上。

(4) 消防水泵每年6月至9月运行一次，10月到次年5月每两个月试运行一次。

(5) 消防泵、消防给水管在冬季试运转后必须及时把水排净防止冻坏设备管线。

(6) 喷淋水泵系统，每年5月中旬至6月上旬检查一次。

(7) 消防水带、水枪，大闸扳手应时刻保证完好，专人负责整理，不准搬作他用，消防演习后，要把水龙带刷净晒干，每年检查一次。

(8) 消防枪每年10月上旬开始保温，春季进行处理，不准埋压、圈占，每人负责的消防器材必须按规定维护、护理。

9. 压力容器及安全附件管理制度

(1) 压力容器的定义、使用管理和定期检验要求

压力容器的使用和管理必须符合中国技术监督局和原劳动部颁发的“压力容器安全技术监察规程”、“在用压力容器检验规程”和“压力容器使用登记管理规定”。

1) 压力容器的定义

根据“压力容器安全技术监察规程”的要求，同时具备下列三种条件的容器均属于压力容器：

①最高工作压力大于等于0.1MPa。

②内径大于等于0.15m，且容积大于等于0.025m^3。

③介质为气体、液化气体或最高工作温度高于等于标准沸点的液体。

2）压力容器的使用管理要求

①登记注册：每个压力容器在投入使用之前，必须到宁夏技术监督局锅炉压力容器安全监察处（简称“当地安全监察处”）办理使用登记手续，并领取该容器的使用许可证。如将某压力容器移装至其他地方，移装前，应在当地安全监察处办理该容器的使用注销手续。

②管理要求：每个压力容器应建立包含如下内容的技术档案（详见《压力容器安全技术监察规程》第58页）。

A. 压力容器登记卡；压力容器使用证。

B. 包含设计图样、强度计算书在内的设计技术文件；必要时还应包括设计或安装、使用说明书。

C. 包含竣工图纸、产品质量证明书、安全质量监督检验证书以及受压元件质量证明书在内的制造、安装技术文件和资料。

D. 检验、检测记录以及有关检验的技术文件和资料。

E. 修理方案、实际修理情况记录以及有关技术文件和资料。

F. 压力容器技术改造的方案、图纸、材料质量证明书、施工质量检验技术文件和资料。

G. 安全附件检验、修理、更换记录。

H. 有关事故的记录资料和处理报告。

3）压力容器的定期检验要求

每个压力容器均必须经过定期检验。定期检验分为下列三部分。

①外部检验：是指在压力容器运行中的定期在线检验，每年至少一次。公司安全环保部应对所有压力容器作外部检验。外部检验内容应包括如下内容：

A. 压力容器的本体、接口部位、焊接接头等是否存在裂纹、变形、泄漏等。

B. 压力容器外壁是否“冒汗”；压力是否异常快速升高。

C. 与压力容器相连的管道是否变形。

D. 保温层是否破损、脱落、潮湿、跑冷。

E. 压力容器与相邻管道或构件是否存在异常振动、响声、相互摩擦。

F. 检查压力表、安全阀等安全附件是否经定期校验、是否处于正常工作态。

G. 检查支承或支座是否损坏，基础有否下沉、倾斜、开裂以及紧固螺栓是否损坏并存在安全隐患；外表面油漆是否脱落、是否存在腐蚀现象。

②内外部检验：安全状况等级（由技监局评定）为1、2级的，每隔6年至少一次，由锅炉压力容器检验所检验人员负责检验。目前，我站压力容器的安全状况等级都被定为一级，因此，投用后首次内外部检验为3年一次，以后，内外部检验则每隔6年一次。

③耐压试验：指容器停机检验时，所进行的超过最高工作压力的液压试验或气压试验。对于储罐，每两次内外部检验周期内，至少进行一次耐压试验。

注意：上述耐压试验周期是对正常运行的压力容器。对于停止使用两年后，无论该容器具有多高的崭新程度，投用前，当地安全检察处锅炉压力容器检验所除了对容器进行内外部检查外，还将进行耐压试验。

（2）安全阀的定期检验

1）所有压力容器管道上的安全阀，每半年必须至少校验一次。

2）安全阀校验过程中，校验人员应及时做好记录。对校验合格的安全阀应进行铅封。

（3）压力表的定期校验

1）厂内压力容器、管道等设备上的压力表，必须每半年至少校验一次。

2）校验合格的压力表，应进行铅封，并标明本次校验和下次检验日期。

10. 输配场站特种设备管理标准

（1）总则

1）为了加强燃气输配场站特种设备的安全监督管理工作，预防特种设备事故，保护人身和财产安全，促进燃气企业生产经营健康发展，根据国务院《特种设备安全监察条例》（国务院 373 号令）、国务院《关于修改〈特种设备安全监察条例〉的决定》（国务院 549 号令）等有关法规及公司《安全生产管理程序》、《安全生产责任制》等规章制度，制定本管理标准。

2）本标准规定了燃气企业范围内特种设备及所属部件的采购、安装、登记注册、使用、检验、改造维修等方面安全监督管理应遵循的原则。

3）本标准适用于燃气企业所属各输配场站，有关条款也适用于在企业管线、装置区内施工服务单位。

4）本标准中所指特种设备包括：锅炉、压力容器（包括气瓶）、压力管道、厂内机动车辆、各类起重机械、安全附件、安全保护装置等。

（2）职责

1）企业质量安全环保部负责特种设备使用的安全监督，监督特种设备的合规使用。

2）企业生产运行部负责将特种设备纳入设备的统一归口管理，特种设备的安装、使用、检验、修理等还应执行国家现行法规及标准的规定。

3）企业项目管理部负责特种设备的设计管理及特种设备的安装施工管理，设计、安装施工要符合特种设备国家现行法规及标准的规定。

4）企业采办部负责特种设备的采购管理并确保供货商提供的技术资料按照公司档案管理有关规定及时归档和移交特种设备的使用单位，采购过程要符合特种设备国家现行法规及标准的规定。

5）企业财务部负责特种设备的资产（价值）台账管理。

（3）特种设备的设计、选型与采购

1）特种设备的设计单位，必须持有省级以上（含省级）主管部门批准，并在同级政府特种设备安全监察机构备案的设计资格证书，方准设计相应的特种设备。特种设备的设计总图上，必须盖有设计单位设计资格章及有关审查备案章，否则无效。

2）特种设备的选型由设计管理部门或使用单位提出，公司生产运行、工程技术、安全部门审核，所选特种设备必须为有相应资质的单位制造和安装。

3）特种设备制造单位需按照公司《市场准入管理办法》有关要求，取得公司“市场准入证”后方可签订供货合同。

4）进口锅炉、压力容器其国外厂商，必须取得中华人民共和国行政主管部门签发的《制造许可证》。企业进口锅炉压力容器的单位不得与未取得《制造许可证》的国外锅炉、压力容器制造厂商及其代理商签订进口合同。进口特种设备时，必须明确中国境内注册的代理商，并由代理商承担相应的质量和安全责任。该代理商必须持接受委托代理和在中国境内注册的证明材料，到所在地省级特种设备安全监察机构备案。进口锅炉、压力容器的采购应符合国家《进出口锅炉压力容器监督管理办法》有关要求。进口的特种设备，其产品必须符合我国有关特种设备的法律、行政法规、规章、强制性标准及技术规程的要求。

5）特种设备的到货验收，由采购部门组织，使用单位、监理单位、施工安装单位、设备供应商，必要时设计单位和公司业务主管部门参加，按照有关程序进行验收。验收时，设备供应商应提供安全技术规范要求的设计文件、产品质量合格证明、安装及使用维修说明、监督检验证明等文件，并将这些文件一并提交给使用单位。进口特种设备的随机文件必须有中文注释或中文版文件。

（4）特种设备的安装、检修和改造

1）特种设备的安装、检维修及改造应严格执行国家特种设备安全监察的有关规定并符合公司施工管理规定有关要求。特种设备安装、检修或改造单位和人员必须具备相应资质，安装、检维修及改造要有完整的方案并经过公司审批。凡进入公司范围内从事特种设备安装、修理、改造及现场组焊的施工单位，必须取得公司“市场准入证”后方可录用。

2）锅炉、压力容器的修理划分为重大修理和一般修理。

锅炉重大修理指：锅筒（锅壳）、炉胆、回燃室、封头、炉胆项、管板、下脚圈、集箱的更换、挖补，主焊缝的补焊，炉墙整体砌筑，管子膨胀节改焊接以及大量更换受热面管（工业锅炉一次更换水冷壁管或对流管束数量不小于30%，过热器或省煤气管束数量不小于50%）。

压力容器重大修理指：主要受压元件的更换，主要受压元件的矫形、挖补，主要受压元件A、B类焊缝的补焊。一般修理指：重大修理以外的其他涉及锅炉、压力容器安全运行的修理。

3）锅炉、压力容器的改造划分为重大改造和一般改造。

锅炉的重大改造指：改变锅炉结构，改变锅炉受热面配比，改变运行参数，改变燃烧方式，蒸汽锅炉改热水锅炉等。

压力容器的重大改造指：改变压力容器的主要受压元件、结构、介质、用途等。一般改造指：重大改造以外的涉及锅炉、压力容器安全运行的改造。

4）锅炉、压力容器重大改造的设计，应由有相应资质的单位进行。

5）特种设备的安装、修理、改造（其中锅炉、压力容器指重大修理、改造或涉及受压元件焊接的一般修理改造，炉墙砌筑）施工单位，在施工前，应提交下列资料到公司设备管理部门办理审批手续。同时，应以书面形式（见附件8、9）将拟进行的特种设备安装、修理、改造情况告知所在地直辖市或设区的市特种设备安全监督管理部门。施工单位必须做出完整的施工方案，并由使用单位及公司生产运行、工程技术、质量安全环保部门审核，同意后方可开工。

①《锅炉压力容器安装、修理、改造审批单》（见附件1）、《起重机械安装、修理、改造方案审批单》（见附件2）；

②施工方案及有关的工艺文件；

③设备的技术档案（含修理、改造前的检验报告）；

④受压元件材料质量证明；

⑤新建、扩建、改建特种设备平面布置图及标明与相邻建筑物距离的总体平面图。

6）特种设备安装、修理、改造工程手续审批合格后，应携带要求的资料到检验单位报检。在施工过程中，施工单位对监检人员发出的《监检工作联络单》或监检单位发出的《监检意见通知书》，应当在规定的期限内处理并书面回复。

7）施工单位在工程审批后，不得将工程转包给其他单位或个人。

8）施工单位在施工前和施工过程中，应按有关规定、程序进行，服从现场的健康安全与环境（HSE）管理要求。使用单位在于施工单位签订工程服务合同时，应同时签订HSE合同，明确各自的HSE责任。施工单位如发现存在影响安全使用质量问题时，应停止施工，并及时逐级上报，待处理合格后，方可继续施工。

9）特种设备安装、修理、改造工程总体验收前，施工单位应将施工资料提前三天报检验单位审查。检验单位检验合格后出具安全质量监督检验证书。

10）公司根据检验部门出具的安全质量监督检验证书，由使用单位组织，公司工程技术、生产运行、质量安全环保等部门参加，按公司有关项目验收程序进行验收。

11）工程验收合格后，由组织验收单位签发《特种设备安装、修理、改造工程验收单》（见附件4），未签发验收单的工程项目，财务部门不予结算。

12）工程验收合格后30日内，施工单位应将安装、修理、改造质量证明书和其他施工文件一同交使用单位存档。未经监督检验合格的不得交付使用。

（5）特种设备登记及使用管理

1）特种设备使用单位，应当严格执行《特种设备安全监察条例》和有关安全生产的法律、行政法规的规定，保证特种设备的安全使用。特种设备使用单位的主管领导，须对特种设备的安全技术管理负责。特种设备使用单位应指定具有特种设备专业知识的工程技术人员，负责特种设备的安全技术管理工作，并建立健全各种规章制度。特种设备使用单位应当制定特种设备的事故应急措施和救援预案，并将其纳入公司事故应急预案中。

2）使用单位应建立特种设备使用登记台账（附件6）和登记表（附件7），实行计算机管理，使其高效、准确；特种设备还应逐台进行编号（安装地点自编号或叫设备位号）。

3）特种设备使用单位应当建立特种设备安全技术档案。安全技术档案应当包括以下内容：

①特种设备的设计文件、制造单位、产品质量合格证明、使用维护说明等文件以及安装技术文件和资料；

②特种设备的定期检验和定期自行检查的记录；

③特种设备的日常使用状况记录；

④特种设备及其安全附件、安全保护装置、测量调控装置及有关附属仪器仪表的日常维护保养记录；

⑤特种设备运行故障和事故记录。

4）各使用单位要加强对特种设备的使用与管理工作。做到登记、注册、办理使用证100%，定期检验100%，安全附件检验100%。

5）特种设备检验是一项强制性检验工作，公司设备管理部门应制定年度特种设备检验计划，各使用单位按照公司下达的特种设备检验计划逐级落实，并纳入生产计划当中去，按规定时间和检验规则要求做好检验前的准备工作。对清理易燃、易爆、有毒、有害介质的特种设备，必须制定可靠的安全措施；对进入设备内部清理、检验时，应严格按照公司作业许可程序进行管理。

6）特种设备出厂铭牌、注册铭牌应裸露，不得涂漆、损坏，且固定在设备显著位置上。

7）使用单位应向特种设备安装、修理、改造施工单位提供设备的原始资料，派专人配合施工单位和检验单位工作。现场施工管理人员应对隐蔽工程进行检查确认，并及时在施工质量文件上签字。

8）使用登记

按照有关规定，特种设备投入使用前或投入使用后 30 日内，使用单位应向当地直辖市或设区的市特种设备安全监督管理部门办理注册登记手续，否则不得使用。使用证的办理须准备以下资料：

新投用设备：

①产品质量合格证；

②产品安装、使用说明书、计算书；

③产品竣工总图；

④特种设备技术档案；

⑤产品制造安全监督检验报告；

⑥安装质量安全监督检验报告书；

⑦安全管理规章制度、操作规程及特种人员操作证；

⑧进口设备安全性能监督检验报告书。

在用特种设备超过使用证有效期，且检验合格：

①特种设备技术档案；

②特种设备检验报告书；

③安全附件校验报告；

④修理、改造产品质量证明书及监督检验证明书。

9）在用、新增及改装的厂内车辆应由使用单位建立厂内车辆档案，经有关安全检测部门检验合格，核发牌照后方可使用。

10）特种设备的原始资料及检验、修理、改造记录由使用单位保管，要建立健全特种设备台账及档案，并上报公司设备管理部门备案。

11）特种设备使用单位应对同一个场站的同种设备编制一份操作规程，并报生产运行处和质量安全环保处审核，操作规程要严格执行，其操作人员必须取得相应的操作证，操作人员的培训、取证工作由人事部门统一管理。其操作规程要明确提出特种设备安全操作要求，其内容至少包括：

①特种设备操作工艺指标（如最高工作压力、最高或最低工作温度、最大起重量等）；

②特种设备的岗位操作方法（含开车、停车操作程序和注意事项）；

③特种设备在运行中应重点检查的项目和部位，运行中可能出现的异常现象和防止措施，以及紧急情况的应急措施和报告程序；

④特种设备停用时的封存及保养方法。

12）锅炉、压力容器的清洗工作必须由具有化学清洗资格的单位承担，并依据公司

《市场准入管理办法》办理市场准入证后方可承担清洗工作。

13）化学清洗前施工单位应持下列资料到设备使用单位办理审批手续。

①清洗方案及“两书一表”；

②现场施工人员名单，化验员、操作员证件；

③《化学清洗审批单》（见附件 3）。

审批合格后化学清洗单位到检验单位报检，化学清洗验收工作由使用单位组织，并与检验工作一并进行。验收合格后签发《化学清洗验收单》（见附件 5）。

14）停用一年以上重新启用的特种设备，使用单位应以书面形式向公司设备管理部门报告，由检验部门检验合格后，方可投用。超过有效使用期限的特种设备严禁使用。

15）因特殊情况不能按期进行检验的特种设备，使用单位必须申明理由，并提前三个月提出申报，经单位主管领导批准，由原检验单位提出处理意见，公司生产运行处、质量安全环保处审核同意，报地方特种设备安全监督管理部门批准后，方可延长，延长期限一般不超过十二个月。

16）凡进入公司进行特种设备检验和安全附件校验单位，依据公司《市场准入管理办法》办理市场准入证，未取得市场准入证的检验、校验单位，不得在公司范围内从事特种设备的检验或校验工作，财务部门拒付检验、校验费。

17）在公司场站、阀室内或管线上从事施工的单位，其特种设备必须是完好，取得准用证并由有相应操作证的人员按操作规程进行操作，否则将视为违约行为，施工单位不得拒绝公司有关部门对上述要素的检验和监督。

18）特种设备在使用中如发现问题，对安全使用可能造成危害时，必须停止使用，待检验检修合格后方可使用，对特种设备安全监督管理部门认定的有安全危险的设备，任何人不得强制操作人员进行操作，否则将承担相应责任。

19）特种设备使用变更

改变特种设备的使用时，使用单位应按照《锅炉压力容器使用登记管理办法》（国质检锅［2003］207 号）有关规定执行，同时应符合公司《变更管理程序》有关要求。

20）特种设备报废

经检验确认报废的特种设备，使用单位应根据检验（测）单位的检验报告，到公司资产管理部门办理报废审批手续。

（6）特种设备检验管理

1）特种设备按国家规定的期限进行检验。由设备使用单位委托具有相应资质的检验机构开展检验工作。

2）压力容器检验周期按照国家关于压力容器检验的有关规定，分为外部检查、内外部检验及耐压试验。

①外部检查：是指在用压力容器运行中的定期在线检查，每年至少一次。

②内外部检验：是指在用压力容器停机时的检验。其检验周期为：

A. 安全状况等级为 1、2 级的，每 6 年至少一次；

B. 安全状况等级为 3 级的，每 3 年至少一次；

C. 投用后首次内外部检验时间为投用后 3 年内进行。以后由检验单位根据前次内外部检验情况确定。

③耐压试验：是指压力容器停机检验时，所进行的超过最高工作压力的液压试验或气压试验（试验按有关要求进行）。对固定式压力容器，每两次内外部检验期间内，至少进行一次耐压试验，对移动式压力容器，每 6 年进行一次耐压试验。外部检查和内部检验内容及安全状况等级，按照《在用压力容器检验规程》有关要求执行。

3）起重机械应按年度、并由有资质及能力的维修单位签订维修协议，进行日常维护和检查，保证设备的安全运行。

（7）事故管理

特种设备事故报告、调查和处理的具体办法按《西气东输管道公司生产安全事故管理办法》有关规定执行。

（8）附件：

附件 1　锅炉压力容器安装、修理、改造审批单（见表 4-2）。

附件 2　起重机械安装、修理、改造审批单（见表 4-3）。

附件 3　化学清洗审批单（见表 4-4）。

附件 4　特种设备安装、维修、改造验收单（见表 4-5）。

附件 5　锅炉（压力容器）化学清洗验收单（见表 4-6）。

附件 6　特种设备使用登记台账（见表 4-7）。

附件 7　特种设备登记表（见表 4-8）。

附件 8　特种设备安装改造维修告知书（TSZS 002—2003）。

附件 9　特种设备安装改造维修告知书（TSZS 003—2003）。

附件 1

锅炉压力容器安装、修理、改造审批单 **表 4-2**

设备使用单位		安装地点		用途			
安装施工单位		负责人		电话			
安装单位地址		许可证编号		许可证有效期			
设备状况	设备名称		规格型号		额定功率	t/h（MW）	
	工作压力	MPa	额定介质出口温度	℃	产品编号		
	制造厂家				制造日期	年　月　日	
	安全保护装置型号				生产厂家		
	移装前原使用单位		使用地点		检验报告号		
安装、修理、改造项目	1. 锅炉房 2. 锅炉压力容器本体 3. 附属设备 4. 水处理设备 5. 电器仪表 6. 操作间 7. 其他项目						

施工单位情况（公章）	现场负责人		工种	姓名	钢印号	合格项目及有效期
	技术负责人		焊工			
	施工员		焊工			
	质量检查员		起重工			
	筑炉工		司炉工			

使用单位： （公章） 经办人：　　　年　月　日	公司设备管理部门： （公章） 经办人：　　　年　月　日
公司工程技术管理部门： （公章） 经办人：　　　年　月　日	公司安全部门： （公章） 经办人：　　　年　月　日

注：1. 此表适用于锅炉、加热炉及压力容器的安装、修理、改造。
2. 技术资料及施工方案另附。
3. 此审批单批准后，到检验单位报检。

附件 2

起重机械安装、修理、改造审批单 **表 4-3**

<table>
<tr><td colspan="2">设备使用单位</td><td colspan="2"></td><td colspan="2">安装地点</td><td></td><td>用途</td><td colspan="2"></td></tr>
<tr><td colspan="2">安装施工单位</td><td colspan="2"></td><td colspan="2">负责人</td><td></td><td>电话</td><td colspan="2"></td></tr>
<tr><td colspan="2">安装单位地址</td><td colspan="2"></td><td colspan="2">许可证编号</td><td></td><td>许可证有效期</td><td colspan="2"></td></tr>
<tr><td rowspan="5">设备状况</td><td>设备名称</td><td></td><td>规格型号</td><td colspan="3"></td><td>额定功率</td><td colspan="2">kW</td></tr>
<tr><td>起重能力</td><td colspan="2">t</td><td>行跨或臂长</td><td colspan="2">m</td><td>产品编号</td><td colspan="2"></td></tr>
<tr><td>制造厂家</td><td colspan="5"></td><td>制造日期</td><td colspan="2">年 月 日</td></tr>
<tr><td colspan="2">安全保护装置型号</td><td colspan="4"></td><td>生产厂家</td><td colspan="2"></td></tr>
<tr><td colspan="2">移装前原使用单位</td><td colspan="2"></td><td>使用地点</td><td></td><td>检验报告号</td><td colspan="2"></td></tr>
<tr><td colspan="2">安装、修理、改造项目</td><td colspan="8">1. 设备整体 2. 附属设备 3. 电器仪表 4. 操作间 5. 其他项目</td></tr>
<tr><td colspan="2" rowspan="5">施工单位情况（公章）</td><td>现场负责人</td><td></td><td>工种</td><td>姓名</td><td>钢印号</td><td colspan="3">合格项目及有效期</td></tr>
<tr><td>技术负责人</td><td></td><td>焊工</td><td></td><td></td><td colspan="3"></td></tr>
<tr><td>施工员</td><td></td><td>焊工</td><td></td><td></td><td colspan="3"></td></tr>
<tr><td>质量检查员</td><td></td><td>起重工</td><td></td><td></td><td colspan="3"></td></tr>
<tr><td>钳工</td><td></td><td>司机</td><td></td><td></td><td colspan="3"></td></tr>
<tr><td colspan="5">使用单位：

（公章）

经办人： 年 月 日</td><td colspan="5">公司设备管理部门：

（公章）

经办人： 年 月 日</td></tr>
<tr><td colspan="5">公司工程技术管理部门：

（公章）

经办人： 年 月 日</td><td colspan="5">公司安全部门：

（公章）

经办人： 年 月 日</td></tr>
</table>

注：1. 此表适用于行车、车载等起重设备的安装、修理、改造。

2. 技术资料及施工方案另附。

3. 此审批单批准后，到检验单位报检。

附件 3

化学清洗审批单　　　　**表 4-4**

<table>
<tr><td colspan="2">设备使用单位</td><td colspan="2"></td><td>安装地点</td><td></td><td>用途</td><td></td></tr>
<tr><td colspan="2">施工单位</td><td colspan="2"></td><td>负责人</td><td></td><td>电话</td><td></td></tr>
<tr><td colspan="2">施工单位地址</td><td colspan="2"></td><td>许可证编号</td><td></td><td>许可证有效期</td><td></td></tr>
<tr><td rowspan="5">设备状况</td><td>设备名称</td><td></td><td>规格型号</td><td colspan="2"></td><td>额定功率</td><td>t/h（MW）</td></tr>
<tr><td>工作压力</td><td>MPa</td><td>额定介质出口温度</td><td colspan="2">℃</td><td>产品编号</td><td></td></tr>
<tr><td>制造厂家</td><td colspan="3"></td><td colspan="2">制造日期</td><td colspan="2">年　月　日</td></tr>
<tr><td colspan="2">安全保护装置型号</td><td colspan="2"></td><td colspan="2">生产厂家</td><td colspan="2"></td></tr>
<tr><td colspan="2">移装前原使用单位</td><td></td><td>使用地点</td><td></td><td>检验报告号</td><td></td></tr>
<tr><td colspan="2">化学清洗项目</td><td colspan="6"></td></tr>
</table>

<table>
<tr><td rowspan="5">施工单位情况（公章）</td><td>现场负责人</td><td></td><td rowspan="5">化学清洗剂情况</td><td>化学组成</td><td></td></tr>
<tr><td>技术负责人</td><td></td><td>浓度</td><td></td></tr>
<tr><td>施工员</td><td></td><td>PH 值</td><td></td></tr>
<tr><td>质量检验员</td><td></td><td>用量</td><td></td></tr>
<tr><td>化验员</td><td></td><td>废液处理</td><td></td></tr>
</table>

<table>
<tr><td>施工单位：

（公章）

经办人：　　　　年　月　日</td><td>设备所在地基层站队：

（公章）

经办人：　　　　年　月　日</td></tr>
<tr><td>使用单位设备管理部门：

（公章）

经办人：　　　　年　月　日</td><td>使用单位安全部门：

（公章）

经办人：　　　　年　月　日</td></tr>
</table>

注：1. 此表适用于锅炉压力容器的化学清洗。

2. 技术资料及施工方案另附。

3. 此审批单批准后，到检验单位报检。

附件 4

特种设备安装、维修、改造验收单 表 4-5

设备名称		安装/维修/改造日期		监理单位	
设备型号		完工日期		合同编号	
自编号		维修费用		审批单号	
施工单位			设备使用单位		
检验单位		检验时间		检验报告号	
验收情况					
主要更换配件					
质量保证验收标准					
其他协议					

接收单位：	施工单位：	验收部门：
接收人： 年 月 日	负责人： 年 月 日	验收负责人： 年 月 日

附件 5

锅炉（压力容器）化学清洗验收单 **表 4-6**

<table>
<tr><td>设备名称</td><td></td><td>安装/维修/改造日期</td><td></td><td>监理单位</td><td></td></tr>
<tr><td>设备型号</td><td></td><td>完工日期</td><td></td><td>合同编号</td><td></td></tr>
<tr><td>自编号</td><td></td><td>维修费用</td><td></td><td>审批单号</td><td></td></tr>
<tr><td>施工单位</td><td colspan="2"></td><td>设备使用单位</td><td colspan="2"></td></tr>
<tr><td>检验单位</td><td></td><td>检验时间</td><td></td><td>检验报告号</td><td></td></tr>
<tr><td>主要作业内容</td><td colspan="5"></td></tr>
<tr><td>验收情况</td><td colspan="5"></td></tr>
<tr><td colspan="2">质量保证验收标准</td><td colspan="4"></td></tr>
<tr><td colspan="2">其他协议</td><td colspan="4"></td></tr>
<tr><td colspan="2">接收单位：

接收人：
年　月　日</td><td colspan="2">施工单位：

负责人：
年　月　日</td><td colspan="2">验收部门：

验收负责人：
年　月　日</td></tr>
</table>

附件 6

特种设备使用登记台账 表 4-7

设备使用单位：

序号	设备名称	规格型号	产地	出厂日期	投用日期	检测日期	检测结论	注册使用证编号	下次检测日期	操作人（管理人）	备注

填表人：

附件 7

特种设备登记表 **表 4-8**

使用单位： 登记时间： 年 月 日

设备情况			
序　　号		设备类别	
设备级别		设备品种（型式）	
设备名称		设备型号（参数）	
设备代码		单位内编号	
设备地点		制造编号	
设备制造单位			
组织机构代码		制造日期	

设备设计参数			

设备使用参数			

随机资料			随机附件		
序号	资料名称	份/页数	序号	附件名称	数量

填表人：

附件 8

TSZS 002—2003

特种设备
安装改造维修告知书

施工单位：

设备种类：

施工类别：

告知日期：

国家质量监督检验检疫总局制　　　　表 4-9

<table>
<tr><td colspan="6">工程情况</td></tr>
<tr><td colspan="2">工程名称</td><td colspan="4"></td></tr>
<tr><td colspan="2">建设单位名称</td><td colspan="4"></td></tr>
<tr><td colspan="2">建设单位地址</td><td colspan="4"></td></tr>
<tr><td colspan="2">工程负责人</td><td></td><td colspan="2">电话</td><td></td></tr>
<tr><td colspan="2">工程设计单位</td><td colspan="4"></td></tr>
<tr><td colspan="2">合同编号</td><td></td><td colspan="2">合同签订日期</td><td></td></tr>
<tr><td colspan="2">主要施工项目</td><td></td><td colspan="2">设备</td><td></td></tr>
<tr><td rowspan="2">工程计划
施工日期</td><td>开工</td><td></td><td rowspan="2">工程总预算
（万元）</td><td>土建</td><td></td></tr>
<tr><td>竣工</td><td></td><td>设备</td><td></td></tr>
<tr><td colspan="6">施工单位基本情况</td></tr>
<tr><td colspan="2">单位名称</td><td colspan="4"></td></tr>
<tr><td colspan="2">单位地址</td><td colspan="4"></td></tr>
<tr><td colspan="2">组织机构代码</td><td></td><td colspan="2">法定代表人</td><td></td></tr>
<tr><td colspan="2">许可证编号</td><td></td><td colspan="2">许可证有效期</td><td></td></tr>
<tr><td colspan="6">现场施工组织</td></tr>
<tr><td colspan="2">施工机构名称</td><td colspan="4"></td></tr>
<tr><td colspan="2">施工机构地址</td><td colspan="4"></td></tr>
<tr><td colspan="2">电　话</td><td></td><td colspan="2">传　真</td><td></td></tr>
<tr><td colspan="2">施工现场负责人</td><td></td><td colspan="2">移动电话</td><td></td></tr>
<tr><td colspan="2">现场技术负责人</td><td></td><td colspan="2">移动电话</td><td></td></tr>
<tr><td colspan="6">施工分包</td></tr>
<tr><td colspan="2">施工项目</td><td colspan="3">分包单位名称</td><td>组织机构代码</td></tr>
<tr><td colspan="2"></td><td colspan="3"></td><td></td></tr>
<tr><td colspan="2"></td><td colspan="3"></td><td></td></tr>
<tr><td colspan="2"></td><td colspan="3"></td><td></td></tr>
<tr><td colspan="2"></td><td colspan="3"></td><td></td></tr>
<tr><td colspan="2"></td><td colspan="3"></td><td></td></tr>
<tr><td colspan="2"></td><td colspan="3"></td><td></td></tr>
</table>

续表

设备情况			
序　号	1	设备类别	
设备级别		设备品种（型式）	
设备名称		设备型号（参数）	
设备代码		单位内编号	
设备地点		制造编号	
设备制造单位			
组织机构代码		制造日期	
序　号	2	设备类别	
设备级别		设备品种（型式）	
设备名称		设备型号（参数）	
设备代码		单位内编号	
设备地点		制造编号	
设备制造单位			
组织机构代码		制造日期	
序　号	3	设备类别	
设备级别		设备品种（型式）	
设备名称		设备型号（参数）	
设备代码		单位内编号	
设备地点		制造编号	
设备制造单位			
组织机构代码		制造日期	
序　号	4	设备类别	
设备级别		设备品种（型式）	
设备名称		设备型号（参数）	
设备代码		单位内编号	
设备地点		制造编号	
设备制造单位			
组织机构代码		制造日期	

土建工程施工单位		
项目名称	单位名称	组织机构代码

续表

土建工程施工单位		
项目名称	单位名称	组织机构代码

土建工程监理或验收单位		
监理或验收项目	单位名称	组织机构代码

提交的文件资料		
序号	文件资料名称	篇幅或页数

现场管理、专业、作业人员情况				
作业项目	姓　名	身份证编号	持证作业	
			类别（方法）	级别（项目）

续表

现场管理、专业、作业人员情况				
作业项目	姓　名	身份证编号	持证作业	
			类别（方法）	级别（项目）

在此，我申明：所告知的内容真实；在施工过程中，严格执行《特种设备安全监察条例》及其相关规定，保证施工质量，接受监督管理和施工监督检验。

施工单位法定代表人：　　　　日期：

施工现场负责人：　　　　日期：

现场技术负责人：　　　　日期：

备　注
安全监察机构意见

接受告知书人员：　　　　日期：

意见：

意见通知书编号：　　　　发出意见书日期：

特种设备安装改造维修告知书
（TSZS 002—2003）表填写说明

特种设备安装改造维修告知书分为两种形式。本表（TSZS 002—2003）适用下列情况：

（1）额定蒸汽压力大于等于2.5MPa（表压）的蒸汽锅炉安装；

（2）压力管道的安装；

（3）客运索道的安装；

（4）同时安装、改造、维修设备同种类数量在5台（包括5台）以上；

（5）与土建工程同时施工的电梯、大型游乐设施的安装、改造、维修；

（6）与土建工程同时施工的压力管道的改造、维修。

本告知书的送达和意见的通知都应当采取可靠的方式，以便能够做到有据可查。

2.1　施工单位：填写承担施工工程的施工单位全称，必须与取得施工许可资格的单位名称一致，并盖公章。

2.2　设备种类：按锅炉、压力容器、压力管道、电梯、起重机械、客运索道、大型游乐设施，分设备的种类填写。

2.3　施工类别：按安装、改造、维修分别填写。

2.4　告知日期：填写拟向特种设备安全监察机构告知的日期，包括年月日（下同）。

3.1　工程情况

填写整个工程的基本情况。

3.1.1　工程名称：填写整个工程名称。

3.1.2　建设单位名称：填写进行工程的建设单位，有些工程的建设单位，本身就是设备的使用单位。

3.1.3　建设单位地址：填写建设单位的详细地址，包括省（自治区、直辖市）、市（地）、区（县）、路（街道、社区、乡、村）、号。

3.1.4　工程负责人：填写建设单位的工程负责人。

3.1.5　电话：填写建设单位工程负责人联系的电话。

3.1.6　工程设计单位：填写工程的设计单位，如压力管道工程、锅炉房及其有关设备改造、维修设计等单位。

3.1.7　合同编号：填写施工单位与建设单位签订的本工程有效合同编号。

3.1.8　合同签订日期：填写施工单位于建设单位签订合同的日期。

3.1.9　主要施工项目：填写施工的主要项目，如整体安装、汽包检修、燃烧系统改造、汽水系统改造等。

3.1.10　设备数：填写该合同签订的施工设备的总数。

3.1.11　工程计划施工日期

3.1.11.1　开工：填写整个工程的计划开工日期。

3.1.11.2　竣工：填写整个工程的计划竣工日期。

3.1.12　工程总预算

3.1.12.1　土建：填写土建工程的预算。

3.1.12.2　设备：填写特种设备的施工预算。

3.2　施工单位基本情况

填写施工单位的基本情况。

3.2.1　单位名称：填写施工单位名称，同 2.1。

3.2.2　单位地址：填写施工单位总公司、部、队的地址，包括省（自治区、直辖市）、市（地）、区（县）、路（街道、社区、乡、村）、号等（本告知书有关单位的地址填写方法均同此）。

3.2.3　组织机构代码：填写施工单位向组织机构代码管理部门申请取得的代码，该代码作为安全监察机构信息管理追溯的代号，对于一个申请单位来说，必须保证具有其唯一性（本告知书有关组织机构代码的含义其填写均同此）。

3.2.4　法定代表人：填写施工单位合法的代表人，必须与工商执照一致。

3.2.5　许可证编号：填写质检部门颁发的特种设备安装改造维修许可证的编号。

3.2.6　许可证有效期：填写质检部门颁发的特种设备安装改造维修许可证的有效期。

3.3　现场施工组织

填写施工单位在施工工地的实际施工队伍的基本情况。

3.3.1　施工机构名称：填写施工工地施工队伍的名称。

3.3.2　施工机构地址：填写施工工地施工队伍实际所在地。

3.3.3　电话：填写施工机构的联系电话。

3.3.4　传真：填写施工机构的联系传真。

3.3.5　施工现场负责人：填写施工现场的负责人，并填写可以联系的移动电话号码。

3.3.6　现场技术负责人：填写负责施工现场工程的技术负责人，并填写可以联系的移动电话号码。

3.4　施工分包

填写在施工工程中，有关设备施工的工程中，分包的项目。

3.4.1　施工项目：填写施工分包的项目，如无损检测等。

3.4.2　分包单位名称：填写承担分包项目的单位全称。

4.1　设备情况

填写所承担施工的设备基本情况。本页可以填写 4 台，如果多于 4 台，可以另附页。

4.1.1　序号：从事多台设备或多段管道的施工，按顺序号填写。

4.1.2　设备类别：按特种设备目录规定的设备类别填写。可见特种设备制造申请书附录 1。

4.1.3　设备级别：按照有关规定，按许可将设备分为等级，如锅炉分为 A、B、C、D 级等，填写所所属的级别。

4.1.4　设备品种（型式）：填写申请制造设备产品的品种（型式），应当按其所制定的相关规程、规则要求填写。

4.1.5　设备名称：填写设备的名称。

4.1.6　设备型号（参数）：填写设备的型号或者参数。如果没有可以不填写。

4.1.7　设备代码：目前，在设备使用注册时，按照使用登记注册，赋予了一个注册编号。今后，这种编号应该从制造开始赋予，使设备具有一个唯一号码，无论在安装、改造、维修、使用、检验检测都使用该号码。现时，在还没有推广设备制造编排设备代号时，以使用注册号作为设备代码填写。

4.1.8　单位内编号：填写建设（使用）单位内部对设备的编号。

4.1.9　设备地点：填写设备在建设（使用）单位内部实际安装、使用地点。

4.1.10　制造编号：可填写制造产品出厂编号。

4.1.11　设备制造单位：填写设备原来的制造单位。

4.1.12　制造日期：填写设备制造的出厂日期。

5.1　土建单位

填写与设备施工工程相关的土建工程的单位。

5.1.1　项目名称：填写土建单位承担的项目名称，如锅炉房、设备基础等。

5.1.2　单位名称：土建单位全称。

5.2　土建工程监理或验收组织单位

填写建设单位聘请的与设备施工相关的土建（设备）的工程监理，以及工程分段验收或者总体验收的组织单位。

5.2.1　监理或验收项目：填写监理或者验收的项目名称。

5.2.2　单位名称：填写工程监理或验收的组织单位全称。

5.3　提交的文件资料

按有关规定，在进行施工告知时，应该提交相应的资料，如锅炉房平面布置图等。

5.3.1　序号：填写文件资料的顺序号。

5.3.2　文件资料名称：填写提交的文件资料名称。

5.3.3　篇幅或页数：填写文件资料的篇幅或者页数，如图纸一般以篇幅表示，文字资料一般用页数表示。

6.1　现场管理、专业、作业人员情况

填写与设备施工相关的必须持证的人员。包括无损检测、焊接等人员，但不包括与设备施工无关的单位其他持证人员。页数不够，可另附页。

6.1.1　作业项目：按规定持证项目填写，如无损检测、焊接等。

6.1.2　持证作业：填写由质检部门按照特种作业人员、检验检测人员等相关人员的考核持证规定，填写相应持证作业人员的持证情况

6.1.2.1　类别（方法）：填写持证人员的类别（方法），一般用符号表示，如无损检测中的射线检测，用RT表示；焊接人员可按规定用焊接方法的代号表示。

6.1.2.2　级别（项目）：填写持证作业的级别（项目），一般用符号表示，如高级射

线检测人员，可用Ⅲ（级）表示；焊接人员可用项目符号表示。

7.1 施工单位申明

在该栏中，施工单位作一些承诺。

7.1.1 施工单位法定代表人：由施工单位的法定代表人签字，与3.2.4一致。

7.1.2 施工现场负责人：由施工现场负责人签字，与3.3.5一致。

7.1.3 施工技术负责人：由现场技术负责人签字，与3.3.6一致。

7.2 备注

由施工单位填写认为应该填写的事宜。

7.3 安全监察机构意见

由接到告知的安全监察机构在收到告知后，履行接受手续。

7.3.1 接受告知书人员：由安全监察机构接受告知书的人员签字。

7.3.2 意见：如果在接受的规定时间里，接受告知的人员发现问题，应该书面告知施工单位，并将其主要意见进行纪录。

7.3.3 意见书编号；填写对告知资料有问题的书面意见书的编号。

7.3.4 发出意见书的日期：记录发出意见书的日期。

附件 9

TSZS 003—2003

特种设备
安装改造维修告知书

施工单位：
设备种类：
施工类别：
告知日期：

国家质量监督检验检疫总局制　　　　表 4-10

<table>
<tr><td colspan="2">施工类别</td><td></td><td colspan="2">主要施工项目</td><td></td></tr>
<tr><td colspan="2">设备种类</td><td></td><td colspan="2">设备类别</td><td></td></tr>
<tr><td colspan="2">设备级别</td><td></td><td colspan="2">设备品种（型式）</td><td></td></tr>
<tr><td colspan="2">设备名称</td><td></td><td colspan="2">设备型号（参数）</td><td></td></tr>
<tr><td colspan="2">设备代码</td><td></td><td colspan="2">单位内编号</td><td></td></tr>
<tr><td colspan="2">设备地点</td><td></td><td colspan="2">制造编号</td><td></td></tr>
<tr><td colspan="2">设备制造单位</td><td colspan="4"></td></tr>
<tr><td colspan="2">组织机构代码</td><td></td><td colspan="2">制造日期</td><td></td></tr>
<tr><td colspan="2">使用单位</td><td colspan="4"></td></tr>
<tr><td colspan="2">使用单位地址</td><td colspan="4"></td></tr>
<tr><td colspan="2">使用单位负责人</td><td></td><td colspan="2">电　　话</td><td></td></tr>
<tr><td colspan="2">合同编号</td><td></td><td colspan="2">合同签订日期</td><td></td></tr>
<tr><td colspan="2">施工单位</td><td colspan="4"></td></tr>
<tr><td colspan="2">许可证编号</td><td></td><td colspan="2">许可证有效期</td><td></td></tr>
<tr><td colspan="2">施工单位法定代表人</td><td></td><td colspan="2">组织机构代码</td><td></td></tr>
<tr><td colspan="2">施工现场负责人</td><td></td><td colspan="2">电　　话</td><td></td></tr>
<tr><td colspan="2">现场技术负责人</td><td></td><td colspan="2">移动电话</td><td></td></tr>
<tr><td colspan="2">施工机构地址</td><td colspan="4"></td></tr>
<tr><td colspan="2">土建工程施工单位</td><td colspan="4"></td></tr>
<tr><td colspan="2">工程设计单位</td><td colspan="4"></td></tr>
<tr><td rowspan="2">工程计划
施工日期</td><td>开始</td><td></td><td rowspan="2">工程总预算
（万元）</td><td>土建</td><td></td></tr>
<tr><td>竣工</td><td></td><td>设备</td><td></td></tr>
</table>

在此，我申明：所告知的内容真实；在施工过程中，严格执行《特种设备安全监察条例》及其相关规定，保证施工质量，接受监督管理和施工监督检验。

施工单位法定代表人：　　　　（单位公章）　　　　日期：

施工现场负责人：　　　　日期：　　　　现场技术负责人：　　　　日期：

安全监察机构意见

接受告知书人员：　　　　日期：　　　　意见：

意见通知书编号：　　　　发出意见书日期：

续表

分包单位		
施工项目	分包单位名称	组织机构代码

提交的文件资料		
序　号	文件资料名称	篇幅或页数

现场管理、专业、作业人员情况				
作业项目	姓　名	身份证编号	持证作业	
			类别（方法）	级别（项目）

特种设备安装改造维修告知书
(TSZS 003—2003) 表填写说明

特种设备安装改造维修告知书分为两种形式。本表为第二种 (TSZS003-2003), 适用下列情况:

(1) 额定蒸汽压力小于2.5MPa (表压) 的蒸汽锅炉安装;

(2) 同时安装、改造、维修设备同种类数量在4台以下;

(3) 与土建工程不同时施工的特种设备改造、维修等。

本告知书的送达和意见的通知都应当采取可靠的方式, 以便能够做到有据可查。

2.1 主要施工项目: 填写施工的主要项目, 整体安装、汽包修理、燃烧系统改造、汽水系统改造等。

2.2 施工类别: 按安装、改造、维修分别填写。

2.3 设备种类: 按设备的种类填写, 如锅炉、压力容器、压力管道、电梯、起重机械、客运索道、大型游乐设施等。

2.4 设备类别: 按特种设备目录规定的设备类别填写。可见特种设备制造申请书附录一。

2.5 设备级别: 按照有关规定, 按许可将设备分为等级, 如锅炉分为A、B、C、D级等, 填写所属的级别。

2.6 设备品种 (型式): 填写申请制造设备产品的品种 (型式), 应当按其所制定的相关规程、规则要求填写。

2.7 设备名称: 按设备的实际名称填写。

2.8 设备型号 (参数): 按设备的型号或者参数填写, 如果没有可不填写。

2.9 设备代码: 目前, 在设备使用注册时, 按照使用登记注册, 赋予了一个注册编号。今后, 这种编号应该从制造开始赋予, 使设备具有一个唯一号码, 无论在安装、改造、维修、使用、检验检测都使用该号码。现时, 在还没有推广设备制造编排设备代号时, 以使用注册号作为设备代码填写。

2.10 单位内编号: 填写使用单位对设备的内部编号。

2.11 设备地点: 填写设备在建设 (使用) 单位内部实际安装、使用地点。

2.12 制造编号: 可填写制造产品出厂编号。

2.13 设备制造单位: 填写设备原来的制造单位。

2.14 组织机构代码: 填写制造单位的组织机构代码。

2.15 制造日期: 填写制造产品出厂日期。

2.16 使用单位: 填写设备使用 (建设) 单位全称。

2.17 使用单位地址: 填写设备使用 (建设) 单位的详细地址, 包括省 (自治区、直辖市)、市 (地)、区 (县)、路 (街道、社区、乡、号、村) (本告知书有关单位地址的填写方法均如此）。

2.18 使用单位负责人：填写使用（建设）单位负责该工程的负责人。

2.19 电话：填写使用（建设）单位负责人的联系电话。

2.20 合同编号：填写施工单位与建设单位签订的本工程有效合同编号。

2.21 合同签订日期：填写施工单位与建设单位签订合同的日期。

2.22 施工单位：填写与签订合同相对应的施工单位全称。

2.23 许可证编号：填写质检部门颁发的特种设备安装改造维修许可证的编号。

2.24 许可证有效期：填写质检部门颁发的特种设备安装改造维修许可证的有效期。

2.25 施工单位法定代表人：填写施工单位合法的代表人，必须与工商执照一致。

2.26 电话：填写施工单位法定代表人的联系电话。

2.27 组织机构代码：填写施工单位的组织机构代码。

2.28 施工现场负责人：填写施工现场的负责人，并填写其移动电话号码。

2.29 现场技术负责人：填写负责施工现场工程的技术负责人，并填写其移动电话号码。

2.30 施工机构地址：填写施工工地施工机构实际所在地的地址。

2.31 土建工程施工单位：填写与设备施工工程相关的土建工程施工单位。

2.32 工程设计单位：填写工程的设计单位，包括锅炉房或者设备改造等单位。

2.33 工程计划施工日期

2.33.1 开工：填写整个工程计划的开工日期。

2.33.2 竣工：填写整个工程计划的竣工日期。

2.34 工程总预算

2.34.1 土建：填写土建工程的预算。

2.34.2 设备：填写承担特种设备的施工预算。

2.35 施工单位申明

在该栏中，施工单位作一些承诺。

2.35.1 施工单位法定代表人：施工单位法定代表人签字，与2.25一致。

2.35.2 单位公章：盖施工单位的行政公章。

2.35.3 施工现场负责人：施工现场负责人签字，与2.28一致。

2.35.4 现场技术负责人：负责现场施工的技术负责人签字，与2.29一致。

2.36 安全监察机构意见

由接到告知的安全监察机构在收到告知后，履行接受手续。

2.36.1 接受告知书人员：由安全监察机构接受告知书的人员签字。

2.36.2 意见：如果在接受的规定时间里，接受告知的人员发现问题，应该书面告知施工单位，并将其主要意见进行纪录。

2.36.3 意见通知书编号：填写对告知资料有问题的书面意见书的编号。

2.36.4 发出意见书的日期：纪录发出意见书的日期。

3.1 分包单位

填写在施工工程中，有关设备施工的分包项目。

3.1.1　施工项目：填写施工分包的项目，如无损检测等。

3.1.2　分包单位名称：填写承担分包项目的队伍全称。

3.2　提交的文件资料

按有关规定，在进行施工告知时，应该提交相应的资料，如锅炉房平面布置图等。

3.2.1　序号：填写文件资料的顺序号。

3.2.2　文件资料名称：填写提交的文件资料名称。

3.2.3　篇幅或页数：填写文件资料的篇幅或者页数，如图纸一般以篇幅表示，文字资料一般用页数表示。

3.3　现场管理、专业、作业人员情况

填写与设备施工相关的必须持证的人员。包括无损检测、焊接等人员，但不包括与设备施工无关的单位其他持证人员。页数不够，可另附页。

3.3.1　作业项目：按规定持证项目填写，如无损检测、焊接等。

3.3.2　持证作业：填写由质检部门按照特种作业人员、检验检测人员等相关人员的考核持证规定，填写相应持证作业人员的持证情况

3.3.2.1　类别（方法）：填写持证人员的类别（方法），一般用符号表示，如无损检测中的射线检测，用RT表示；焊接人员可按规定用焊接方法的代号表示。

3.3.2.2　级别（项目）：填写持证作业的级别（项目），一般用符号表示，如高级射线检测人员，可用Ⅲ（级）表示；焊接人员可用项目符号表示。

为加强场站操作安全管控、质量提升，确保场站从前期规划、设计，到设备安装调试，到日常作业活动达到受控管理，使天然气输配场站更安全更可靠的服务社会。

附录 A 燃气输配场站设施与操作检查表　　表 4-11

评价单元	评价内容	评价方法	评价标准	分值
4.2.1 周边环境	1. 场站所处的位置应符合规划要求	查阅当地最新规划文件	不符合不得分	1
	2. 周边防火间距道路条件应能满足运输、消防、救护、疏散等要求	现场检查	大型消防车辆无法到达不得分；道路狭窄或路面质量较差但大型消防车辆勉强可以通过扣 1 分	2
	3. 站内燃气设施与站外建（构）筑物的防火间距应符合下列要求	—	—	—
	（1）储气罐与站外建（构）筑物的防火间距应符合现行国家标准《建筑设计防火规范》GB 50016 的相关要求	现场测量	一处不符合不得分	8
	（2）露天或室内天然气工艺装置与站外建（构）筑物的防火间距应符合现行国家标准《建筑设计防火规范》GB 50016 中甲类厂房的相关要求	现场测量	一处不符合不得分	4
	（3）储配站高压储气罐的集中放散装置与站外建（构）筑物的防火间距应符合现行国家标准《城镇燃气设计规范》GB 50028 的相关要求	现场测量	一处不符合不得分	4
	4. 周边应有良好的消防和医疗救护条件	实地测量或图上测量	10km 路程内无消防队扣 0.5 分；10km 路程内无医院扣 0.5 分	1
	5. 环境噪声应符合现行国家标准《工业企业厂界环境噪声排放标准》GB 12348 的相关要求	现场测量或查阅环境检测报告	超标不得分	1

续表

评价单元	评价内容	评价方法	评价标准	分值
4.2.2 总平面布置	1. 储配站总平面应分区布置，即分为生产区和辅助区	现场检查	无明显分区不得分	1
	2. 周边应设有非燃烧体围墙，围墙应完整，无破损	现场检查	无围墙不得分；围墙破损扣0.5分	1
	3. 站内建（构）筑物之间的防火间距应符合下列要求：	—	—	—
	（1）储配罐与站内建（构）筑物的防火间距应符合现行国家标准《城镇燃气设计规范》GB 50028的相关要求	现场测量	一处不符合不得分	8
	（2）站内露天工艺装置区边缘距明火或散发火花地点不应小于20m，距办公、生活建筑不应小于18m，距围墙不应小于10m	现场测量	一处不符合不得分	4
	（3）高压储气罐设置的集中放散管与站内建（构）筑物的防火间距应符合现行国家标准《城镇燃气设计规范》GB 50028相关要求	现场测量	一处不符合不得分	4
	4. 储配站数个固定容积储气罐的总容积大于200000m² 时，应分组布置，组与组和罐与罐之间的防火间距应符合现行国家标准《城镇燃气设计规范》GB 50028相关要求	现场测量	一处不符合不得分	4
4.2.3 站内道路交通	1. 储配站生产区宜设有2个对外出口，并宜位于场站的不同方位，以方便消防救援和应急疏散	现场检查	只有一个出入口的不得分；有两个出入口但位于同一侧不利于消防救援和应急疏散的扣1分	2
	2. 储配站生产区应设置环形消防车道，消防车道宽度不应小于3.5m，消防车道应保持畅通，无阻碍消防救援的障碍物	现场检查	储配站未设置环形消防车道不得分；消防车道宽度不足扣2分；消防车道或回车场上有障碍物扣2分	4

续表

评价单元	评价内容	评价方法	评价标准	分值
4.2.3 站内道路交通	3. 应制定严格的车辆管理制度，无关车辆禁止进入场站生产区，如确需进入，必须佩带阻火器	现场检查并查阅车辆管理制度文件	无车辆管理制度不得分；生产区内发现无关车辆且未装阻火器不得分；门卫未配阻火器但生产区内无无关车辆扣0.5分	1
4.2.4 燃气质量	1. 应当建立健全燃气质量检测制度。天然气的气质应符合现行国家标准《天然气》GB 17820的第一类或第二类气质指标；人工煤气的气质应符合现行国家标准《人工煤气》GB/T 13612的相关要求	查阅气质检测制度和气质检测报告	无气质检测制度不得分；不能提供气质检测报告或检测结果不合格不得分	2
	2. 当燃气无臭味或臭味不足时，门站或储配站内应设有加臭装置，并应符合下列要求	—	—	—
	(1) 加臭剂的质量合格	查阅质量合格证明文件	不能提供质量合格证明文件不得分	1
	(2) 加臭量应符合现行行业标准《城镇燃气加臭技术规程》CJJ/T 148相关要求，实际加注量与气体流量相匹配，并定期检测	查阅加臭量检查记录并在靠近用户端的管网取样抽测	现场抽测不合格不得分；无加臭量检查记录扣2分	4
	(3) 加臭装置运行稳定可靠	现场检查并查阅运行记录	运行不稳定不得分	1
	(4) 无加臭剂泄漏现象	现场检查	存在泄漏现象不得分	2
	(5) 存放加臭剂的场所应确保阴凉通风，远离明火和热源，远离人员密集的办公场所	现场检查	加臭剂漏天存放，放置在人员密集的办公或生活用房，放置在靠近厨房、变配电间、发电机间均不得分	2

续表

评价单元	评价内容	评价方法	评价标准	分值
4.2.5 储气设施	1. 储气罐罐体应完好无损，无变形裂缝现象，无严重锈蚀现象，无漏气现象	现场检查	有漏气现象不得分；严重锈蚀扣6分；锈蚀较重扣4分；轻微锈蚀扣2分	8
	2. 储气罐基础应稳固，每年应检测储气罐基础沉降情况，沉降值应符合安全要求，不得有异常沉降或由于沉降造成管线受损的现象	现场检查并查阅沉降监测报告	未定期检测沉降不得分；有异常沉降但未进行处理不得分	1
	3. 低压湿式储气罐的运行应符合下列要求：	—	—	—
	(1) 寒冷地区应有保温措施，能有效防止水结冰	现场检查	有冰冻现象不得分；一处保温措施有缺陷扣0.5分	2
	(2) 气柜导论和导轨的运动应正常，导论与轴瓦无明显磨损现象，导轮润滑油杯油位符合要求	现场检查	发现异常现象不得分	2
	(3) 水槽壁板与环形基础连接处不应漏水	现场检查	有一处漏水现象扣0.5分	1
	(4) 环形水封水位应正常	现场检查	水位不符合要求不得分	4
	(5) 储气罐升降应平稳	现场检查	不平稳不得分	
	4. 低压稀油密封干式储气罐的运行应符合下列要求：	—	—	—
	(1) 活塞油槽油位和柜底油槽水位、油位应正常	现场检查	油位或水位超出允许范围不得分	1
	(2) 横向分割板和密封装置应正常	现场检查	循环油量超标不得分	1
	(3) 储气罐安全水封的水位不得超出规定的现值	现场检查	安全水封水位不符合要求不得分	4
	(4) 定期测量油位与活塞高度比和活塞水平倾斜度并做好测量记录，其数值应保持在允许范围内	查阅测量记录	一项参数不符合要求扣0.5分	1

续表

评价单元	评价内容	评价方法	评价标准	分值
4.2.5 储气设施	(5) 定期化验分析密封油黏度和闪点，并做好分析记录，其数值应保持在允许范围内	查阅测量记录	超期未化验分析的或指标不符合要求仍未更换的，不得分	0.5
	(6) 油泵入口过滤网应定期清洗，有清洗记录	查阅清洗记录	超期未清洗的不得分	0.5
	(7) 储气罐升降应平稳	现场检查	不平稳不得分	1
	(8) 储气罐的附属升降机、电梯等特种设备应定期检测，检测合格后方可继续使用	查阅检测报告	一台未检测或检测过期扣0.5分	1
	5. 高压储气罐应符合下列要求：	—	—	—
	(1) 应定期检验，检验合格后方可继续使用	查阅检验报告	未检不得分	4
	(2) 应严格控制运行压力，严禁超压运行	现场检查	压力保护措施缺失一项扣2分	4
	(3) 放散管管口高度应高出距其25cm内的建（构）筑物2m以上，且不得小于10m	现场检查	不符合不得分	4
4.2.6 安全阀与阀门	1. 安全阀外观应完好，在校验有效周期内；阀体上应悬挂校验铭牌，并注明下次校验时间，校验铅封应完好	现场检查并查阅校验报告	一只安全阀未检或铅封破损扣2分；一只安全阀外观严重锈蚀扣1分	4
	2. 安全阀与被保护设施之间的阀门应全开	现场检查	有一处关闭不得分；有一处未全开扣1分	2
	3. 阀门外观无损坏和严重锈蚀现象	现场检查	有一处损坏或严重锈蚀扣0.5分	2
	4. 不得有妨碍阀门操作的堆积物	现场检查	有一处堆积物扣0.5分	1
	5. 阀门应悬挂开关标志牌	现场检查	一只未挂标志牌扣0.5分	1
	6. 阀门不应有燃气泄漏现象	现场检查	存在泄漏现象不得分	4
	7. 阀门应定期检查维护。启闭应灵活	现场检查并查阅检查维护记录	不能提供检查维护记录不得分；一只阀门存在启闭不灵活扣1分	2

续表

评价单元	评价内容	评价方法	评价标准	分值
4.2.7 过滤器	1. 过滤器外观无损坏和严重锈蚀现象	现场检查	有一处过滤器损坏或严重锈蚀扣1分	2
	2. 应定期检查过滤器前后压差，并及时排污和清洗	现场检查并查阅维护记录	无过滤器维护记录或现场检查出一台过滤器失效扣1分	2
	3. 过滤器排污和清洗废弃物应妥善处理	现场检查并查阅操作规程	无收集装置或无处理记录不得分	1
4.2.8 工艺管道	1. 管道外表应完好无损，无腐蚀迹象，外表防腐涂层应完好，管道应有色标和流向标志	现场检查	一处严重锈蚀扣1分；管道无标志扣0.5分	2
	2. 管道和管道连接部位应密封完好，无天然气泄漏现象	现场检查	存在泄漏现象不得分	2
	3. 进出站管线与站外设有阴极保护装置的埋地管道相连时，应设有绝缘装置，绝缘装置的绝缘电阻应每年进行一次测试，绝缘电阻不应低于1MΩ	查阅绝缘电阻检测报告	无绝缘装置，超过1年未检测绝缘电阻或检测电阻或检测电阻值不合格均不得分	1
4.2.9 仪表自控系统	1. 压力表应符合下列要求：	—	—	—
	(1) 压力表外观应完好	现场检查	一只表损坏扣0.5分	2
	(2) 压力表应在检定周期内，检定标签应贴在表壳上，并注明下次检定时间，检定铅封应完好无损	现场检查并查阅压力表检定证书	一只表未检或铅封破损扣2分；一只表标贴脱落或看不清扣0.5分	4
	(3) 压力表与被测量设备之间的阀门应全开	现场检查	一只阀门未全开扣0.5分	1
	2. 站内爆炸危险厂房和装置区内应设置燃气浓度检测报警装置	现场检查并查阅维护记录	一处未安装燃气浓度检测报警装置或未维护扣1分	2
	3. 现场计量测试仪表的设置应符合现行国家标准《城镇燃气设计规范》GB 50028的相关要求，仪表的读数应在工艺操作要求范围内	现场检查并查阅工艺操作手册	缺少一处计量测试仪表或读数不在工艺操作要求范围内扣0.5分	2
	4. 控制室的二次检测仪表的显示和累加等功能应符合现行国家标准《城镇燃气设计规范》GB 50028的相关要求。其数值应在工艺操作要求范围内	现场检查并查阅工艺操作手册	缺少一处检测仪表或读数不在工艺操作要求范围内扣0.5分	2

续表

评价单元	评价内容	评价方法	评价标准	分值
4.2.9 仪表自控系统	5. 报警连锁功能的设置应符合现行国家标准《城镇燃气设计规范》GB 50028 的相关要求，各种报警连锁系统应完好有效	现场检查	缺少一种报警连锁功能或报警连锁失灵扣 1 分	4
	6. 运行管理宜采用计算机集中控制系统	现场检查	未采用计算机集中控制的系统不得分	1
4.2.10 消防与安全设施	1. 工艺装置区应通风良好	现场检查	达不到标准不得分	2
	2. 应按现行行业标准《城镇燃气标志标准》CJJ/T 153 的相关要求设置完善的安全警示标志	现场检查	一处未设置安全警示标志扣 0.5 分	2
	3. 消防供水设施应符合下列要求：	—	—	—
	(1) 应根据储罐容积和补水能力按照现行国家标准《城镇燃气设计规范》GB 50028 的相关要求核算消防用水量。当补水能力不能满足消防用水量时，应设置适当容量的消防水池和消防泵房	现场检查并核算	补水能力不足且未设消防水池不得分；设有消防水池但储水量不足扣 2 分	4
	(2) 消防水池的水质应良好，无腐蚀性，无漂浮物和油污	现场检查	有油污不得分；有漂浮物扣 0.5 分	1
	(3) 消防泵房内应清洁干净，无杂物和易燃物品堆放	现场检查	不清洁或有杂物堆放不得分	1
	(4) 消防泵应运行良好，无异常振动和异响，无漏水现象	现场检查	一台消防泵存在故障扣 0.5 分	2
	(5) 消防供水装置无遮蔽或阻塞现象，站内消防火栓水阀应能正常开启，消防水管、水枪和扳手等器材应齐全完好，无挪用现象	现场检查	一台消火栓水阀不能正常开启扣 1 分；缺少或遗失一件消防供水器材扣 0.5 分	2
	4. 工艺装置区、储罐区等应按现行国家标准《城镇燃气设计规范》GB 50028 的相关要求设置灭火器，灭火器不得埋压圈占和挪用，灭火器应按现行国家标准《建筑灭火器配置验收及检查规范》GB 50444 的相关要求定期进行检查、维修，并按规定年限报废	现场检查，查阅灭火器的检查和维修记录	一处灭火器材设置不符合要求扣 1 分；一只灭火器缺少检查和维修记录扣 0.5 分	4

续表

评价单元	评价内容	评价方法	评价标准	分值
4.2.10 消防与安全设施	5. 站内爆炸危险场所的电力装置应符合现行国家标准《爆炸危险环境电力装置设计规范》GB 50058 的相关要求	现场检查	一处不合格不得分	4
	6. 建（构）筑物应按现行国家标准《建筑物防雷设计规范》GB 50057 的相关要求设置防雷装置并采取防雷措施，爆炸危险环境场所的防雷装置应当每半年由具有资质的单位检测一次，保证完好有效	现场检查并查阅防雷装置检测报告	未设置防雷装置不得分；防雷装置未检测不得分；一处防雷检测不符合要求扣 2 分	4
	7. 应配备必要的应急救援器材，值班室应设有直通外线的应急救援电话，各种应急救援器材应定期检查，保证完好有效	现场检查	缺少一样应急救援器材或一处不合格扣 0.5 分	2
4.2.11 公用辅助设施	1. 供电系统应符合现行国家标准《供配电系统设计规范》GB 50052“二级负荷”的要求	现场检查	达不到二级负荷不得分	4
	2. 变配电室的地坪宜比周围地坪相对提高，应能有效防止雨水的侵入	现场检查	低于周围地坪或与周围地坪几乎平齐均不得分	1
	3. 变配电室应设有专人看管；若规模较小，无人值守时，应有防止无关人员进入的措施；变配电室的门、窗关闭应密合；电缆孔洞必须用绝缘油泥封闭，与室外相通的窗、洞、通风孔应设防止鼠、蛇类等小动物进入的网罩	现场检查	无关人员可自由出入不得分；有一处未密封或有孔洞扣 0.5 分	1
	4. 变配电室内应设有应急照明设备，且应完好有效	现场检查	无应急照明设备不得分；一盏应急照明灯不亮扣 0.5 分	1
	5. 电缆沟上应盖有完好的盖板	现场检查	一处无盖板或盖板损坏扣 0.5 分	1
	6. 当气温低于 0℃时，设备排污管、冷却水管、室外供水管和消火栓等暴漏在室外的供水管和排水管应有保温措施	现场检查	一处未进行保温扣 0.5 分	1

续表

评价单元	评价内容	评价方法	评价标准	分值
4.3.1 周边环境	1. 调压装置不应安装在易燃碰撞或影响交通的位置	现场检查	一处安装位置不当扣1分	2
	2. 液化石油气和相对密度大于0.75燃气的调压装置不得设于地下室、半地下室内和地下单独的箱体内	现场检查	不合格不得分	4
	3. 调压站和调压装置与其他建（构）筑物的水平净值应符合现行国家标准《城镇燃气设计规范》GB 50028相关要求	现场测量	一处不符合不得分	8
	4. 调压装置的安装高度应符合现行国家标准《城镇燃气设计规范》GB 50028的相关要求	现场检查	一处高度不符合要求扣0.5分	1
	5. 地下调压箱不宜设置在城镇道路下	现场检查	一处处于道路下扣0.5分	1
	6. 设有悬挂式调压箱的墙体应为永久性实体墙，墙面上应无室内通风机的进风口，调压箱上方不应有窗和阳台	现场检查	一处安装位置不当扣1分	2
	7. 设有调压装置的公共建筑顶层的房间应靠建筑外墙，贴邻或楼下应无人员密集房间	现场检查	一处不符合要求扣0.5分	1
	8. 相邻调压装置外缘净距、调压装置与墙面之间的净距和室内主要通道的宽度均宜大于0.8m，通道上应无杂物堆积	现场检查	一处间距不足扣1分	2
	9. 调压器的环境温度应能保证调压器的活动部件正常工作	现场检查	当调压器出现异常结霜或冰堵现象时不得分	1
	10. 调压站或区域性调压柜（箱）周边应保持消防车道通畅，无阻碍消防救援的障碍物	现场检查	消防车无法进入或有障碍物的不得分	1

续表

评价单元	评价内容	评价方法	评价标准	分值
4.3.2 设有调压装置的建筑	1. 设有调压装置的专用建筑与相邻建筑之间应为无门、窗、洞口的非燃烧体实体墙	现场检查	与相邻建筑物之间存在一处门、窗、洞口扣0.5分	1
	2. 耐火等级不应低于二级	现场检查	一处建筑达不到二级扣0.5分	1
	3. 门、窗应向外开启	现场检查	一处门、窗开启方向有误扣0.5分	1
	4. 平屋顶上设有调压装置的建筑应有通向屋顶的楼梯	现场检查	一处无楼梯扣0.5分	1
	5. 设有调压装置的专用建筑室内地坪应为撞击时不会产生火花的材料	现场检查	一处不符合要求扣0.5分	1
4.3.3 调压器	1. 调压箱、调压柜、调压器的设置应稳固	现场检查	一处不稳固扣1分	2
	2. 调压器外表应完好无损，无油污、无腐蚀锈迹等现象	现场检查	外表有一处损伤、油污、锈蚀现象扣0.5分	2
	3. 调压器应运行正常，无喘息、压力跳动等现象，无燃气泄漏情况	现场检查	有燃气泄漏现象不得分；调压器有非正常现象一处扣2分	8
	4. 调压器的进口压力应符合现行国家标准《城镇燃气设计规范》GB 50028的相关要求	现场检查	一台调压器超压运行扣4分	8
	5. 调压器的出口压力严禁超过下游燃气设施的设计压力，并应具有防止燃气出口压力过高的安全保护装置，安全保护装置的启动压力应符合设定值，切断压力不得高于放散系统设定的压力值	现场检查	一处未设置扣4分；一处启动压力不符合设定值扣2分；一处切断压力高于放散压力扣2分	8
	6. 调压器的进口管径和阀门的设置应符合现行国家标准《城镇燃气设计规范》GB 50028的相关要求	现场检查	一处不符合扣0.5分	1
	7. 调压站或区域性调压柜（箱）的环境噪声应符合现行国家标准《声环境质量标准》GB 3096的相关要求	现场测量或查阅环境检测报告	超标不得分	1

续表

评价单元	评价内容	评价方法	评价标准	分值
4.3.3 调压器	8. 调压装置的放散管管口高度应符合下列要求：	—	—	—
	(1) 调压站放散管管口应高出其屋檐 1.0m 以上	现场测量	不符合不得分	4
	(2) 调压柜的安全放散管管口距地面的高度不应小于 4m	现场测量	不符合不得分	4
	(3) 设置在建筑物墙上的调压箱的安全放散管管口应高出该建筑物屋檐 1.0m	现场检查	缺一个阀门不得分	4
4.3.4 安全阀与阀门	1. 高压和次高压燃气调压站室外进、出口管道上必须设置阀门	现场检查	缺少一个阀门不得分	4
	2. 中压燃气调压站室外进口管道上，应设置阀门	现藏检查	无阀门不得分	4
4.3.8 消防与安全设施	1. 设有调压器的箱、柜或房间应有良好的通风措施，通风面积和换气次数应符合现行国家标准《城镇燃气设计规范》GB 50028 的相关要求，受限空间内应无燃气积聚	现场测量	一处燃气浓度超标扣 2 分；一处通风措施不符合要求扣 1 分	8
	2. 应按现行行业标准《城镇燃气标志标准》CJ/T 153 的相关要求设置完善的安全警示标志	现场检查	一处未设置安全警示标志扣 0.5 分	2
	3. 调压装置区应按现行国家标准《城镇燃气设计规范》GB 50028 的相关要求设置灭火器，灭火器不得埋压、圈占和挪用，灭火器应按现行国家标准《建筑灭火器配置验收及检查规范》GB 50444 的相关要求定期进行检查、维修，并按规定年限报废	现场检查，查阅灭火器的检查和维修记录	一处缺少灭火器材扣 1 分；一只灭火器缺少检查和维修记录扣 0.5 分	4

续表

评价单元	评价内容	评价方法	评价标准	分值
4.3.8 消防与安全设施	4. 设有调压装置的专用建筑室内电气、照明装置的设计应符合现行国家标准《爆炸危险环境电力装置设计规范》GB 50028 的 1 区设计的规定	现场检查	一处不合格不得分	2
	5. 设于空旷地带的调压站或采用高架遥测天线的调压站应单独设置避雷装置，保证接地电阻值小于 10Ω	现场检查并查阅防雷装置检测报告	无独立避雷装置的不得分；防雷装置未检测不得分；一处防雷检测不符合要求扣 2 分	4
	6. 调压装置周边应根据实际情况设置围墙、护栏、护罩或车挡，以防外界对调压装置的破坏	现场检查	一处未设置防护设施扣 1 分	4
	7. 设有调压器的柜或房间应有爆炸泄压措施，泄压面积应符合现行国家标准《城镇燃气设计规范》GB 50028 的相关要求	现场测量并计算	一处无泄压措施扣 1 分；一处泄压面积不足扣 0.5 分	2
	8. 地下调压箱应有防腐保护措施，且应完好有效	现场检查	发现一处箱体腐蚀迹象扣 0.5 分	1
	9. 公共建筑顶层房间设有调压装置时，房间内应设置燃气浓度监测控仪表及声、光报警装置。该装置应与通风设施和紧急切断阀连锁，并将信号引入该建筑物监控室	现场检查	一处设置不符合要求扣 1 分	2
	10. 调压装置应设有放散，放散管的高度应符合现行国家标准《城镇燃气设计规范》GB 50028 的相关要求	现场检查	一处未设放散管扣 1 分；一处放散管高度不足扣 0.5 分	2
	11. 地下式调压站应有防水措施，内部不应有水渍和积水现象	现场检查	发现一处积水扣 1 分；一处水渍扣 0.5 分	2
	12. 当调压站内、外燃气管道为绝缘连接时，调压器及其附属设备必须接地，接地电阻应小于 100Ω	现场检查	一处为接地或接地电阻不符合要求扣 1 分	2

续表

评价单元	评价内容	评价方法	评价标准	分值
4.3.9 调压站的采暖	1. 调压室内严禁用明火采暖	现场检查	现场有明火采暖设备不得分	2
	2. 调压器室的门、窗与锅炉室的门、窗不应设置在建筑的同一侧	现场检查	设置在同一侧不得分	1
	3. 采暖锅炉烟囱排烟温度严禁大于300℃	现场检查	超过不得分	2
	4. 烟囱出口与燃气安全放散管出口的水平距离应大于5m	现场测量	距离不足不得分	2
	5. 燃气采暖锅炉应有熄火保护装置或设专人值班管理	现场检查	无熄火保护装置不得分；有熄火保护但无专人值班扣1分	2
	6. 电采暖设备的外壳温度不得大于115℃，电采暖设备应与调压设备绝缘	现场测量	外壳温度超标扣1分；未绝缘加1分	2

附录B 燃气管道设施与操作检查表

表B.1 钢质燃气管道设施与操作检查表 **表4-12**

评价单元	评价内容	评价方法	评价标准	分值
5.2.1 管道敷设	1. 地下燃气管道与建（构）筑物或相邻管道之间的间距应符合现行国家标准《城镇燃气设计规范》GB 50028的相关要求	查阅竣工资料并结合现场检查	一处不符合不得分	4
	2. 地下燃气管道埋设的最小覆土厚度（地面至管顶）应符合现行国家标准《城镇燃气设计规范》GB 50028的相关要求	查阅竣工资料并结合现场检查	一处埋深不符合要求扣1分	4
	3. 穿、跨越工程应符合现行国家标准《油气输送管道穿越工程设计规范》GB 50423和《油气输送管道跨越工程设计规范》GB 50459的相关要求，安全防护措施应齐全、可靠	查阅竣工资料并结合现场检查	一处不符合要求扣1分	4

续表

评价单元	评价内容	评价方法	评价标准	分值
5.2.1 管道敷设	4. 同一管网中输送不同种类、不同压力燃气的相连管之间应进行有效隔断	现场检查	存在一处未进行有效隔断不得分	4
	5. 埋地管道的地基土层条件和稳定性	调查管道沿线土层状况	液化土、沙化土或已发生土壤明显移动的，或经常发生山体滑坡、泥石流的不得分；沼泽、沉降区或有山体滑坡、泥石流可能的扣1分；土层比较松软，含水率较高，有沉降可能的扣0.5分	2
5.2.2 管道附件	1. 管道上的阀门和阀门井应符合下列要求	—	—	—
	(1) 在次高压、中压燃气干管上，应设置分段阀门，并应在阀门两侧设置放散管。在燃气支管的起点处，应设置阀门	现场检查	少一处阀门扣2分	4
	(2) 阀门本体评价内容见本标准第4.2.7条检查表第3～7条	—	—	4
	(3) 阀门井不应塌陷，井内不得有积水	现场检查	一处塌陷扣1分，一处有积水扣0.5分	2
	(4) 直埋阀应设有护罩或护井	现场检查	一处阀门无护罩或护井扣1分；一处护罩或护井损坏扣1分	2
	2. 凝水缸应设有护罩或护井，应定期排放积水，不得有燃气泄漏、腐蚀和堵塞的现象及妨碍排水作业的堆积物，凝水缸排出的污水不得随意排放	查阅巡检记录并现场检查测试	有燃气泄漏现象不得分；一处凝水缸无护罩或护井扣0.5分；一处护罩或护井损坏，有腐蚀、堵塞、堆积物现象扣0.5分	2
	3. 调长器应无变形，调长器接口应定期检查，保证严密性，且拉杆应处于受力状态	查阅巡检记录并现场检查测试	有燃气泄漏现象不得分，一处调长器变形、拉杆位置不适宜扣0.5分	1

续表

评价单元	评价内容	评价方法	评价标准	分值
5.2.3 日常运行维护	1. 燃气企业应对管道定期进行巡查，巡查工作内容应符合现行行业标准《城镇燃气设施运行、维护和抢修安全技术规程》CJJ 51的相关要求	查阅巡线制度和巡线记录	无巡线制度不得分；巡线制度不完善扣4分；完整巡线记录扣4分	8
	2. 对管道沿线居民和单位进行燃气设施保护宣传与教育	查阅相关资料并沿线走访调查	未印刷并发放安全宣传单扣0.5分；未举办广场或进社区安全宣传活动扣0.5分；未与政府和沿线单位举办燃气设施安全保护研讨会扣0.5分；未在报刊、杂志、电视、广播等媒体上登载安全宣传广告扣0.5分	2
	3. 埋地燃气管道弯头、三通、四通、管道末端以及穿越河流等处应有路面标志，路面标志的间隔不宜大于200m，路面标志不得缺损，字迹应清晰可见	查阅竣工资料并沿线检查	一处缺少标志、字迹不清或毁损扣1分	4
	4. 在燃气管道保护范围内，应无爆破、取土、动火、倾倒或排放腐蚀性物质、放置易燃易爆物品、种植深根植物等危害管道运行的活动	查阅竣工资料并沿线检查	存在上述可能危害管道的情况不得分	8
	5. 埋地燃气管道上不得有建筑物和构筑物占压	沿线检查	1处不符合不得分	8
	6. 地下燃气管道保护范围内有建设工程施工时，应由建设单位、施工单位和燃气企业共同制定的燃气设施保护方案，燃气企业应当派专业人员进行现场指导和全程监护	查阅燃气设施保护方案，巡线记录和施工监护记录	天燃气设施保护方案不得分；燃气设施保护方案不全面扣4分；保护方案缺少一方参与的扣2分；未派专业人员现场指导和监护的不得分；有一次未全程监护扣4分	8

续表

评价单元	评价内容	评价方法	评价标准	分值
5.2.4 管道泄漏检查	1. 应制定完善的泄漏检查制度	查阅泄漏检查制度	无制度不得分	1
	2. 应配备泄漏检测仪器和人员	现场检查	未配备不得分	2
	3. 泄漏检查周期应符合现行标准《城镇燃气设施运行、维护和抢修安全技术规程》CJJ 51 的相关内容	查阅泄漏检查记录	水含量不合格扣 1 分，硫化氢含量不合格扣 1 分	2
5.2.5 管道腐蚀	1. 燃气气质指标应符合相关要求	查阅气质检测报告	水含量不合格扣 1 分；硫化氢含量不合格扣 1 分	2
	2. 暴露在空气中的管道外表应涂覆防腐涂层，防腐涂层应完整无脱落	现场检查	无防腐土层不得分；有防腐涂层但严重脱落扣 1.5 分；有防腐涂层但有部分脱落扣 1 分	2
	3. 应对埋地钢质管道周围的土壤进行土壤电阻率分析，采用现行行业标准《城镇燃气埋地钢质管道腐蚀控制技术规程》CJJ 95 的相关评价指标对土壤腐蚀性进行分级	对土壤腐蚀性进行检测	土壤腐蚀性分级为强不得分；中扣 1 分；土壤细菌腐蚀性评价强不得分；较强扣 1.5 分；中扣 1 分	2
	4. 埋地钢质管道外表面应有完好的防腐层，防腐层的检测应符合现行行业标准《城镇燃气埋地钢质管道腐蚀控制技术规程》CJJ 95 的相关要求	查阅防腐层检测报告	从未检测不得分；未按规定要求定期检测扣 4 分	8
	5. 埋地钢质管道应按现行国家标准《城镇燃气技术规范》GB 50494 的相关要求辅以阴极保护系，阴极保护系统的检测应符合现行行业标准《城镇燃气埋地钢制管道腐蚀控制技术规程》CJJ 95 的相关要求	查阅阴极保护系统检测报告	没有阴极保护系统或从未检测不得分；未按规定要求定期检测扣 4 分	8
	6. 应定期检测埋地钢质管道附近的管地电位，确定杂散电流对管道的影响，并按现行行业标准《城镇燃气埋地钢质管道腐蚀控制技术规程》CJJ 95 的相关要求采取保护措施，并达到保护效果	现场检查并查阅检测记录和排流保护效果评价	无相应措施不得分；有措施但达不到要求扣 2 分	4

聚乙烯燃气管道设施与操作检查表 **表 4-13**

评价单元	评价内容	评价方法	评价标准	分值
5.3.1 管道敷设	1. 埋地聚乙烯燃气管道与热力管道之间的间距应符合现行行业标准《聚乙烯燃气管道工程技术规程》CJJ 63 的相关要求	查阅竣工资料 并结合现场检查	一处不符合不得分	4
	2. 聚乙烯管道作引入管，与建筑物外墙或内墙上安装的调压箱相连在地面转换时，对裸露聚乙烯管道有硬质保护及隔热措施，保护层应完好无损	现场检查	一处硬质保护层缺失损坏扣 2 分	4
	3. 聚乙烯管道应敷设示踪装置，并每年进行一次检测，保证完好	查阅示踪装置检查记录	示踪装置未检测不得分	2

5　燃气输配场站安全管理

天然气门站又称城市输配调压站，是天然气长输干线或支线的终点站，也是城市、工业区分配管网的气源站，在该站内接收长输管线输送来的燃气经过过滤、调压、计量和加臭后送入城市或工业区的管网。天然气门站的安全平稳运行不仅关系到长输管线的安全运行和城市、工业区的用气安全，而且关系到用气城市的社会经济安全稳定。因此，加强天然气门站的安全管理，保证场站的连续安全平稳供气，是燃气企业工作的重中之重。

5.1　输配场站运行安全管理基本要求

场站运行安全管理本着“以人为本、预防为主；统一领导、分级负责；快速反应、平战结合”的原则。切实履行安全管理，把保障公众健康和生命财产安全作为首要任务，高度重视安全工作，常抓不懈，防患于未然。增强忧患意识，坚持预防与应急相结合，常态与非常态相结合，做好应对事故的各项准备工作。

统一领导下，建立健全分类管理、分级负责，条块结合、属地管理为主的应急管理体制，在燃气企业“一把手”的领导下，实行行政领导责任制，充分发挥专业应急指挥机构的作用；加强以属地管理为主的应急处置队伍建设，建设一支训练有素、技术过硬的攻坚队伍，提高全体员工防范安全生产事故的意识，将日常工作、训练、演习和应急救援工作相结合。建立联动协调制度，充分动员各站的作用，依靠各站力量，形成统一指挥、反应灵敏、功能齐全、协调有序、运转高效的安全应急管理机制。

1. 应不断加强业务培训和技能培训，积极开展安全生产教育，提高职工业务素质，职工业务技能培训是关系到企业长远发展的基础工作，开展职工技术业务培训，是使职工具有良好的文化科学知识素质，具有较高的实践操作技能，适应燃气企业安全平稳供气要求的基本保证。具体要求如下：

(1) 根据“先培训，后上岗”的原则，坚持对新职工进行“三级”安全教育并考试，成绩合格者方能进入岗位。

(2) 对门站在岗人员开展各种形式的再教育活动。

1) 每周一安全例会后集中学习、现场讲解、模拟操作，其内容主要包括：

①工艺流程、生产任务和岗位责任制。

②设备、工具、器具的性能、操作特点和安全技术规程。

③劳动保护用品的正确使用和保养方法。

④典型事故教训和预防措施。

2) 根据各输配场站的工作特点，开展轮班出题、答题的学习方法—将《燃气输配运行工》培训教材作为题库，由上一班人员出题，下一班人员答题。对答题过程中出现的问题和争议利用周一安全例会后的集中学习时间解决。

3）参加公司的各项再教育培训活动和消防演练活动。

(3) 不断完善抢险预案，定期组织职工在用气低峰时演练，增强在岗职工对突发事件的应急处理能力。

2. 应不断加强生产运行管理和设备运行管理，严格按照安全技术规程和工艺指标进行操作，确保设备运转正常不断强化安全生产管理工作，将门站各项安全规章制度、岗位安全操作规程上墙公布，要求职工对照执行，使安全工作责任化、制度化。

(1) 落实防火责任制，认真做好消防检查制度：

1）班组安全员、岗位值班人员每天要做到三查，即上班后、当班时、下班前要进行消防检查。

2）夜班人员进行巡检，重点是火源、电源，并注意其他异常情况，及时消除隐患。

3）做好节假日及换季的安全检查，每次重点检查消防设备和防雷、防静电设施。保持机具清洁可靠，处于良好状态。

(2) 实行岗位责任制，严格执行交接班制度，认真做好工艺区的日常维护与检查：

1）在岗人员服从值班领导指挥，完成各项生产任务。

①经常巡视，对调压器工况进行观察，注意噪声大小，有无漏气现象，切断阀是否关闭等。

②观察进出口压力表读数及流量计读数，以便掌握门站上下游负荷情况。

③注意过滤器压差值以便及时更换滤芯，防止滤芯堵塞严重而导致杂物进入调压器或影响调压器进口压力。

④观察加臭装置，做好加臭装置的维护保养，必须使加臭装置运行良好。

⑤根据运行经验，定期通过各设备的排污阀排污；定期将各截断阀启闭数次。

2）做好运行记录，保证数据齐全、准确。

3）当班人员遇到不能处理的情况时，及时向上级领导汇报，并做好详细记录。

4）认真搞好岗位卫生，达到轴见光、沟见底、设备见本色，场地清洁、窗明壁净。

(3) 根据制订的设备维修计划和设备在线运行情况做好门站的维修，保证设备完好率：

1）定期更换调压器、监控器、过滤器、切断阀及放散阀的全部非金属件。

2）清洁这些组件的内壁和内部零件。

3）检查各零件的磨损变形情况，必要时更换。

4）定期对工艺区设备予以除锈补漆。

5）设备安全阀、压力表、紧急放散阀等按规定定期校验。

6）对故障设备及时维修更换。

3. 探索供用气规律，加强联系沟通，协调上下游关系；建设调峰设施，提高输气能力，确保安全平稳供气城市天然气输配系统中的各类用户的用气量会随气候条件、生产装置和规模、人们的日常生活习惯等因素的变化而变化，但上游的供气量一般是均匀的，不可能完全随下游需用工况而变化，随着社会经济的快速发展，用气领域急剧扩大，用气结构不断变化，城市用气负荷及用气规律也随之不断变化。因此，准确可靠地掌握用气负荷及用气规律，采取各种措施解决调峰问题，对于确保燃气供应可靠性和安全性是十分重要的。具体工作如下：

（1）积极做好历史用气量的统计，对下游各类用户的用气量进行调查分析，掌握其用气规律，并根据市场发展现状及需求运用科学方法作出合理的预测。

（2）根据实际运行情况与上游分输站和调度室及时沟通联系，为向城区安全平稳供气以及最大限度地发挥门站在用气高峰期的调峰作用打好基础。

4. 场站作业环境

（1）保持设备及作业区的良好通风，不仅使操业人员不因缺氧而窒息，还能让燃气在设备及作业区的浓度不易达到爆炸极限的下线。

（2）注意防火、防爆、防静电等点火源

天然气是易于燃烧的气体，因此在天然气的输配场站区禁止吸烟、明火和使用非防爆的电器设备。天然气一般带压输配，以防止空气或其他气体串入。确保天然气设备远离明火和静电。绝对禁止在天然气输配场站区、维修区域吸烟。

避免使用生热和火花的非防爆工具，确实需要使用时，则需用便携式可燃气体检测仪先行检测，以确保安全。

（3）悬挂警示牌

在生产区及办公室和道路口等，应悬挂警示牌。

5. 场站防火防爆十大禁令

（1）严禁在站内吸烟，打手机及携带火种和易燃、易爆、有毒、易腐蚀物品入站。

（2）严禁未按规定办理用火手续，在站内进行施工用火或生活用火。

（3）严禁穿易产生静电的衣服进入生产区及易燃易爆区工作。

（4）严禁穿带铁钉的鞋进入油气区及易燃易爆区域。

（5）严禁用汽油等易挥发溶剂擦洗设备、衣服、工具及地面等。

（6）严禁未经批准的各种机动车辆进入生产区域及易燃易爆区。

（7）严禁就地排放易燃易爆物料及化学品。

（8）严禁在油气区用黑金属或易产生火花的工具敲击和作业。

（9）严禁堵塞消防通道及随意挪用消防设施。

（10）严禁损坏站内各类防爆设施。

5.2 输配场站各岗位安全职责

1. 输配场站站长安全职责

（1）站长对本站安全生产全面负责。

（2）认真贯彻执行国家和企业的安全生产法令、规定、指示和有关规章制度，把职业安全卫生列入工作重要议事日程，做到“五同时”。

（3）树立“安全第一”的思想，落实加气站的各项管理制度。

（4）抓好员工的劳动纪律、消防安全、安全知识的教育。

（5）每周组织一次全站安全检查，落实隐患整改，确保加气站的安全生产无事故。

（6）掌握加气站的主要设备，熟悉其性能，了解工艺流程，做到正确指挥。

（7）掌握加气站的经营情况，负责协调工作中出现的各种问题。

（8）对加气站发生的事故及时报告和处理，坚持“四不放过”原则。

2. 输配场站班长安全职责

(1) 在站长的领导下，负责组织和领导全班员工开展安全生产、各项经营、管理和服务工作。

(2) 组织班、组员工学习并贯彻执行公司、部门各项安全生产规章制度和安全技术操作规程，教育员工遵纪守法，制止违章行为。

(3) 认真落实各项安全制度，协助站长对本班员工及顾客进行安全教育、检查、监督各项安全措施的落实。

(4) 负责对本班人员进行班前后教育，对作业中出现的违章现象及时纠正和处理，组织并参加安全活动，坚持班前讲安全、班中检查安全、班后总结安全。

(5) 熟悉本班组防火要求及措施，加强对消防器材的管理，严防丢失和损坏。做到“四懂四会”（四懂：懂本岗位生产过程的火灾危险性，懂预防火灾的措施，懂扑救方法，懂疏散方法；四会：会报警，会使用灭火器材，会扑救初期火灾，会组织人员逃生）。

(6) 组织部门安全检查，发现不安全因素及时组织力量加以消除，并报告上级；发生事故立即报告，并组织抢救，保护好现场，做好详细记录；协助事故调查、分析，落实防范措施。

(7) 负责组织对新入职员工（包括实习、代培人员）进行岗位安全教育。

(8) 搞好运营设备、安全装备、消防设施、防护器材和急救器具的检查工作，使其经常保持完好和正常运行；督促和教育员工合理使用劳动保护，正确使用消防设施和防护器材。

(9) 搞好“安全月”、“安全周”活动和班组安全生产活动，总结安全生产先进经验。

(10) 发动员工搞好文明生产，保持生产作业现场整齐、清洁。

3. 专职安全员安全职责

(1) 认真学习和贯彻公司安全管理制度，协助站长对员工和客户进行安全教育。

(2) 负责当班的安全管理工作，监督员工严格执行安全生产规章制度，检查出入站人员和车辆，制止影响安全的行为。

(3) 定期检查站内设备设施的安全状况，保持良好的工作状态，定期维修保养消防器材，保证其有效性。

(4) 做好当班安全检查记录和隐患整改记录，与前后班安全员做好交接班工作。

(5) 熟悉本岗位防火要求及措施，做到“四懂四会”。

4. 运行（操作）工安全职责

(1) 在班长的领导下，做好当班加气工作。

(2) 现场作业中严格执行操作规程，严禁违章作业。

(3) 掌握加气机的性能特点和操作技能，并能判断和排除一般故障；负责本场所的安全监督管理，发现不安全因素和危及加气站安全的行为及时阻止和汇报。

(4) 熟悉本岗位防火要求及措施，做到“四懂四会”；作业完毕清理现场，做好当班作业记录及交接班工作。

5.3 输配场站安全管理制度

安全管理就是一切设备设施和人的行为受控的管理，虽然输配场站设计了有效的安全措施，设计只是设备受控，人的行为受控基础还需要管理制度，场站输配工在操作过程中最低限度必须遵守如下安全制度。

1. 站区安全管理制度

(1) 操作人员和非本站人员进入站区必须严格执行《进站须知》。

(2) 站内设备应定期检查和修理，并采取防腐措施。各类阀门和管道应每季检查一次，保持完好，防止窜漏，凡明露常温管道、阀门及设备每两年除锈刷漆一次。

(3) 设备的接地电阻不大于 10Ω，每年应在雨季之前检测一次。

(4) 站区道路保持畅通，不得随意堆物、占用。

(5) 站区内应保持环境整洁，及时清除枯草、杂草。

(6) 在防爆场所，必须采用防爆设施，并保持其完好。

(7) 在雷电、暴雨时，严禁进行天然气放散作业操作。

(8) 站内要求两路电源供电，确保连续、稳定、安全供气。

(9) 生产区内操作应采用防爆工具，当采用钢制工具时，应在工具接触面上涂抹黄油，以防产生火花。

(10) 确保储罐安全运行。

1) 随时监控储罐压力，不得超量、超压存储；若储罐的压力大于安全阀起跳值而安全阀仍不起跳，应立即对储罐进行手动降压，并及时通知有关人员对安全阀重新校验。

2) 储罐排气完毕，要保证罐内至少留有 0.1MPa 余压，保证储罐正压运行。

3) 场站设备和管道的安全附件（安全阀、压力表）经校验合格，并确保完好可正常使用。

4) 管道或储罐进行放空操作必须经放空管引至高空放散，不得就地放散。

(11) 站区内需动火施工时，必须填写动火申请，得到主管领导同意后方可实施。同时应作好相应防护措施。

(12) 加强燃气泄漏报警装置检查，保证灵敏可靠。

(13) 定期做好消防设施、器材的维护保养，确保完好、有效。

(14) 站内应在醒目的位置设立“进站须知”、“严禁烟火”等安全标志。

(15) 严禁踩踏工艺管线、阀门、软管、设备设施。

(16) 场站设备设施操作应缓慢进行，阀门启闭应慢开慢关。

(17) 安全阀根部阀为常开阀门。

(18) 任何情况下，严禁水、油、机械杂物进入工艺管道，以避免堵塞管路；冬季严禁敲打或用火烘烤冷冻设备或管道部位，应该用热气加热解冻。

(19) 应保持站区和作业区的消防通道畅通。

2. 消防器材管理制度

(1) 按照消防设施检查维修保养有关规定的要求，对消防设施的完好有效情况进行检查和维修保养。

（2）消防器材应布置合理，数量必须满足安全生产需要，灭火器应放置在避免阳光直射的地方，远离热源，防止雨淋，减少设备腐蚀。

（3）要有详细的消防器材管理台账，明确责任区管理人员，消防器材放置在固定的位置上，任何人不得移动和挪作他用，违者及损坏，必须追究责任。

（4）消防器材必须在有消防部门认可资格的消防器材厂家购置，并按规定，由有资质的消防器材厂进行维修、检验，合格后，要贴上有厂址、厂名、检修或完整日期的标签。

（5）要经常检查灭火器的铅封，可见零部件是否完好，遇有阀门、压力表及附件损坏的消防器材或灭火器泄漏，重量明显减轻的、已经使用的，必须按规定要求进行检查维修充气、装药，并重新铅封。

（6）要经常检查贮存灭火器的压力表指针是否在绿色区域，如指针在红色区域，应查明原因，按规定进行检修，重新灌装。

（7）水枪、水带、开消防栓扳手应存放在固定位置，消防水带每周检查一次，保持干燥，防止霉烂。

3. 静密封管理制度

（1）安全技术员负责建立健全场站各类静密封台账、报表及有关资料，定期组织检查各岗位的静密封管理工作。

（2）各岗位静密封的管理，要落实到人，做到各负其责，分工明确，并作为巡回检查和交接班的一项内容，发现泄漏及时解决。

（3）静密封统计范围包括：除转动设备动密封外的其余所有设备、管道、阀门、法兰、管丝、丝堵活接头，机泵上的油标及附属管线，工艺设备，仪表孔板，调节阀，附属引线及其他所有设备的静密封结合部位，均作为静密封点统计。

（4）静密封点及泄漏率的计算方法：

1）每一静密封点结合处作为一个密封点，其密封点的算法：

①一对法兰，不论规格大小，均算一个密封点。

②一个阀门一般算四个密封点，如阀体或大盖上另有丝堵或阀后连接放空，则应多算一个或几个密封点。

③一个丝扣活接头算三个密封点。

2）有一处泄漏就算一个泄漏点，不论是密封点或焊缝裂纹、砂眼、腐蚀及其他原因造成的泄漏均作泄漏点统计。泄漏率计算公式：泄漏率＝泄漏点总数/静密封点总数×‰。

（5）静密封泄漏检查标准：

1）设备及管道用肉眼观察，不结霜、不冒气、无渗透、无漏液。

2）仪表设备及压缩空气管线，用肥皂水试漏，关键部位无气泡，一般部位允许每分钟不超过5个鼓泡。

（6）统计工作要准确无误，见漏就堵，常查常改不间断。静密封档案必须做到资料齐全。

4. 防雷、防静电安全管理制度

（1）保证各类设备及结构件接地良好，接地电阻值小于100Ω，与防雷设施（避雷针、避雷线、避雷网、避雷带）共用时，则应小于10Ω。

（2）严禁使用高绝缘材料，必须使用时（如塑料、胶板、胶管、传动皮带等），应选用导静电品种或加上金属屏蔽网。

(3) 连接软管两端应采用直径不小于3mm的铜线跨接。

(4) 严禁在密闭空间内（如厂房）泄压放空作业，必须控制介质流速（$v \leqslant 3m/s$）和压差。保持良好通风和空气湿度（宜在50%左右）。

(5) 严格遵守安全制度，文明操作，避免容器或设备撞击。

(6) 控制人流，现场人员的衣着及劳保用品要符合防静电要求，严禁在作业现场脱换衣服。

(7) 要采取必要措施加速工艺过程中所产生静电的泄漏或中和限制静电的积累。

5. 场站用火作业安全管理制度

(1) 用火作业系指在具有火灾爆炸危险场所内进行的施工过程，在抢险过程中用火作业应按应急预案中的规定执行。

(2) 用火作业涉及进入受限空间、临时用电、高处等作业时，应办理相应的作业许可证。

(3) 用火作业的危害识别

1) 用火作业前，针对作业内容及作业地点，应进行安全危害识别，并制定相应的作业程序及安全措施。

2) 将安全措施填入"用火作业许可证"内。

(4) 用火作业系指采用以下方式的作业：

1) 各种气焊、电焊、铅焊、锡焊、塑料焊等各种焊接作业及气割、等离子切割机、砂轮机、磨光机等各种金属切割作业；

2) 使用喷灯、液化气炉、火炉、电炉等明火作业；

3) 烧（烤、煨）管线、熬沥青、炒砂子、铁锤击（产生火花）物件，喷砂和产生火花的其他作业；

4) 生产装置和罐区连接临时电源使用非防爆电器设备和电动工具；

5) 使用雷管、炸药等进行爆破作业。

(5) 用火作业分级管理

1) 一级动火：在生产运行的状态下易燃易爆物品的生产装置、输配管道、储罐、容器等重要部位的具有特殊危险的动火作业。

2) 二级动火：不直接在运行状态下的易燃易爆管道、设备本体的动火，但在易燃易爆区域内的动火作业。

3) 三级动火：一、二级动火作业以外的动火作业。

(6)《用火作业许可证》的办理

1) 凡在禁火区从事高温或易产生火花作业或使用非防爆电器，都要办理《用火证》。用火作业单位在用火前，应预先三天由用火单位负责人向安全管理机构申请办理《用火证》。

2) 一级用火作业，由用火单位填写《用火作业许可证》，报公司安全监督管理部门、生产运营部门审查合格后，报集团公司（若有）安全监管部门审核签发，公司安全监督管理部门存档。

3) 二级用火作业，由用火单位填写《用火作业许可证》，报公司安全监督管理部门、生产运营部门审查合格后，主管安全领导签发，安全监督管理部门存档。

4）三级用火作业，由用火单位填写《用火作业许可证》，报场站负责人签发后，报公司安全监督管理部门备案。

（7）用火作业安全措施

1）凡在生产、储存、输送可燃物料的设备、容器及管道上用火，应首先切断物料来源并加好盲板；经彻底吹扫、清洗、置换后，并经分析合格，方可用火；若间隔时间超过1h继续用火，应再次进行用火分析，或在管线、容器中充满水后，方可用火。

2）在正常运行生产区域内，凡可用可不用的用火一律不用火，凡能拆下来的设备、管线都应拆下来移到安全地方用火，严格控制一级用火。

3）用火审批人应亲临现场检查，落实防火措施后，方可签发《用火作业许可证》。

4）一张用火作业许可证只限一处用火，实行一处（一个用火地点）、一证（用火作业许可证）、一人（用火监护人），不应用一张"用火作业许可证"进行多处用火。

5）用火现场要有明显标志，并备足消防器材。

6）用火前半小时必须进行现场可燃气体浓度分析，被测对象的气体浓度应不大于其爆炸下限的20%，浓度测定时间与动火时间间隔不得超过30min。

7）在用火前应清除现场一切可燃物，并准备好消防器材。用火期间，距用火点30m内严禁排放各类可燃气体，15m内严禁排放各类可燃液体。在同一动火区域不应同时进行可燃溶剂清洗和喷漆等施工。

8）新建项目需要用火时，施工单位（承包商）提出用火申请，由用火地点所辖区域单位负责办理"用火作业许可证"，并指派用火监护人。

9）用火作业过程的安全监督。用火作业实行"三不用火"，即没有经批准的用火作业许可证不用火、用火监护人不在现场不用火、防火措施不落实不用火。安全监督管理部门专（兼）职安全管理人员有权随时检查用火作业情况。在发现违反用火管理制度的用火作业或危险用火作业时，有权收回用火作业许可证，停止用火，并根据违章情节，对违章者进行严肃处理。

（8）用火作业人职责

用火作业人员应严格执行"三不动火"的原则；对不符合的，有权拒绝用火。

（9）用火监护人职责

1）用火监护人应有岗位操作合格证；应了解用火区域或岗位的生产过程，熟悉工艺操作和设备状况；应有较强的责任心，出现问题能正确处理；应有处理应对突发事故的能力。

2）在接到《用火作业许可证》后，应在安全人员和单位领导的指导下，逐项检查落实防火措施；检查用火现场的情况；用火过程中发现异常情况应及时采取措施；点火时应佩戴明显标志；用火过程中不应离开现场。

3）当发现用火部位与《用火作业许可证》不相符合，或者用火安全措施不落实时，用火监护人有权制止用火；当用火出现异常情况时有权停止用火；对用火人不执行"三不动火"又不听劝阻时，有权收回《用火作业许可证》，并报告有关领导。

6. 动土作业安全管理制度

（1）动土作业的单位或部门在动土前应制定完善的动土计划，每次作业都应办理《危险作业审批单》，经安全监督管理机构批准后，方可实施。

(2) 动土作业如果在接近地下电缆、管道及埋设物的附近施工时，不准使用大型机器挖土，以免损坏地下设施。

(3) 动土作业时，附近的管线、电缆线的气源、电源均应切断。动土单位不得任意改变《危险作业审批单》上批准的各项内容；如需要变更，应重新办理《危险作业审批单》。

(4) 在危险性较大的地域内动土时，应备足消防器材，安全生产监督管理部门应派人监护，施工人员要听从其指挥。

(5) 挖掘的沟、坑、池等和破坏的道路，应设置围栏和标志，夜间设红灯，防止行人和车辆坠落。

(6) 动土作业时，若发现异常情况，动土作业应立即停止。

5.4 燃气输配场站应急预案

1. 场站突发事件应急预案

(1) 编制目的

×××输配场站隶属于×××企业（公司），担负着×××的供气任务。为了加强×××站对突发事故应急救援的综合指挥能力，提高应急救援工作的反应速度、调度和协调水平，确保迅速有效地处置天然气集输管道事故和险情，最大限度地减轻输配场站事故对人员和财产造成的损失。

(2) 编制依据

《××燃气集团公司突发事件总体应急预案》；

《化工企业突发事件总体应急预案》。

(3) 适用范围

本方案适用于燃气企业输配场站范围内发生天然气输配管道事故，造成天然气泄漏、人员伤亡、环境污染等突发情况的处置。

(4) 事故分类

根据事件的严重程度和后果，将天然气集输管道事故分为Ⅰ级事故和Ⅱ级事故：

1) Ⅰ级事故

①造成场站工艺区或周边生产设施破坏或故障严重，主干线输送长时间中断（24小时或以上）。

②造成死亡3人（含）以上，或受伤、中毒人员达10人（含）以上。

③对社会安全、环境造成影响，需要紧急转移安置1000人（含）以上或整个村庄居民。

④直接经济损失达100万元（含）以上。

2) Ⅱ级事故

低于Ⅰ级事故分级标准的，为Ⅱ级事故。

(5) 工作原则

1) 坚持以保护员工的人身安全为前提，以先抢救人员，后抢救生产设施为原则。

2) 坚持迅速告知并疏散周边群众为原则。

3）坚持最大能力保证下游供气的原则。

4）坚持迅速有效控制，确保损失最低的原则。

（6）组织机构及职责

1）组织机构

①企业（公司）输管道事故应急领导小组

组　长：××输配场站站长。

副组长：××输配场站副站长。

成　员：生产运行室、综合管理室、维修班等部门负责人。

②应急管理办公室

应急管理办公室设在×××站生产运行室，是应急领导小组的日常办事机构，是×××站应急管理的常设机构。

③职能部门

各职能部门应承担燃气输配管道事故突发的相应应急职责。

2）职责

①燃气输配管道事故应急领导小组

A. 应急救援的指挥工作。

B. 根据收集到的信息，审定抢险方案和组织实施，调动组织应急救援物资、装备、抢险队伍、消防、医疗、后勤保障等内外部资源及时到位。

②应急管理办公室

A. 负责应急信息收集和应急值班，24h 值守电话。

B. 接收突发事件的报告，持续跟踪事件动态，及时向应急领导小组汇报，接受并传达指令。

C. 按照输配场站应急领导小组的指令，统一对外联系。

D. 根据应急领导小组组长指令，派出赴现场应急救援人员。

E. 协调和调动所需应急资源。

F. 负责应急领导小组指示、应急活动记录和应急处置过程中的资料整理。

③职能部门

A. 生产运行室应急准备阶段：

a. 负责辖区内应急消防水源的日常管理与维护。

b. 负责建立本单位应急抢险组织机构。

c. 负责本单位应急抢险物资日常管理及维护。

d. 负责辖区内道路的信息收集及反馈。

e. 负责编制本单位应急方案及应急措施。

f. 负责收集本单位管辖范围内的各种应急信息。

g. 负责配备本单位应急物资。

h. 负责组织本单位应急抢险队伍，并对本单位员工进行应急知识培训。

B. 应急抢险阶段：对本辖区内的突发事件进行应急抢险；在扩大险情阶段，配合事故现场的应急抢险。

C. 应急恢复阶段：协助事故应急抢险现场的恢复工作。

D. 综合管理室应急准备阶段：负责全站应急物资的组织、储备及管理工作。

E. 应急抢险阶段：负责抢险过程中抢险物资的供应保障。

F. 应急恢复阶段：负责应急物资的补充，恢复应急物资准备状态。

3）报告与接警

①报告

×××站各生产单位发生天然气集输管道事故，必须立即报告×××输配场站应急抢险办公室。

×××站应急抢险办公室设在站生产运行室（生产运行室：24h 有人值班）。

②机构与职责（见表 5-1）

应急抢险机构与职责 **表 5-1**

<table>
<tr><td>负责部门</td><td>×××站生产运行室</td><td>（1）负责接收各基层单位的报警；
（2）×××站应急抢险领导小组人员汇报事故情况；
（3）向×××站应急抢险队伍进行事故通报；
（4）负责各项应急指令的传递通知</td></tr>
<tr><td rowspan="2">支持部门</td><td>×××燃气企业
应急抢险领导小组</td><td>（1）负责发生事故的分析与判断；
（2）负责事故《应急抢险状态令》的发布</td></tr>
<tr><td>×××燃气企业
应急抢险队伍</td><td>（1）接到事故通报立即互相通知紧急情况；
（2）进入应急状态，等待抢险命令</td></tr>
</table>

③报警程序

A. 初级响应阶段

a. 各基层单位在事故险情发生后，立即组织人员采取紧急措施，需要启动《×××输配场站事故应急救援方案》的情况下，立即通知站生产运行室，进行事故险情汇报（报警时应说明发生险情程度、时间、地点和现场情况）。

b. 站生产运行室根据事故报告情况，立即通知×××输配场站应急抢险领导小组和站应急抢险队伍组成人员。具体联系方法及通知内容依照接警处理信息记录（见表 5-2）进行。

接警信息记录表 **表 5-2**

单位： 时间： 年 月 日

<table>
<tr><td colspan="2">报警人</td><td colspan="4">事故描述</td><td rowspan="2">接警人</td><td rowspan="2">接警时间</td></tr>
<tr><td>姓名</td><td>联系方式</td><td>时间</td><td>事故地点
（场站、管线）</td><td>伤亡情况</td><td>状态、
可控制程度</td></tr>
<tr><td></td><td></td><td></td><td></td><td></td><td></td><td></td><td></td></tr>
</table>

接警处理信息记录

序号	联系方式	通知人员	单位	时间	通知内容	反馈意见
1						
2						
3						
4						

c. ×××输配场站应急抢险领导小组接到事故报告后，由小组组长根据事故状况评估情况，决定是否向外部其他应急机构和上级部门通报；具体联络方式见附件：地方政府电话表和气区范围内的卫生所、医院电话表。事故通报内容应包括：单位名称、事故发生的地点、事故的性质（火灾、爆炸、泄漏等）和状态、是否有人员伤亡、初步估计影响区域、需要有关部门和单位协助救援的要求。

d. 各应急抢险队伍成员接到事故报告后迅速就位，并按照自己的应急职责准备应急抢险物资，接到应急抢险命令后立即赶往事故现场。

B. 扩大应急响应阶段

a. ×××输配场站应急抢险领导小组组长通过站生产运行室向公司（燃气企业）或是地方其他部门机构提出应急救援请求，并请求地方政府组织疏散危险区域内人员。

b. 通知发生事故区域的相邻单位采取紧急防护措施，避免事态发展，影响到相邻单位。

c. 根据事态发展情况，应急抢险领导小组组长下令抢险人员疏散命令。人员按事先指定疏散路线撤离，撤离前各应急抢险单位及部门根据各自应急处置措施的要求，完成相关操作。

4）应急响应

①应急指挥

A. 目的

明确事故应急救援负责人，迅速建立有效的应急组织，能在紧急时刻，在最短时间内进入应急状态。

B. 机构与职责（见表 5-3）

应急指挥机构与职责 表 5-3

负责部门	×××输配场站应急指挥中心领导小组	（1）负责组织应急方案的总体实施工作； （2）负责指挥、调度各应急抢险队伍组成人员参加应急救援行动； （3）与专业技术人员或专家进行直接沟通，确立抢险救援方案； （4）负责发布启动或解除紧急状态的命令； （5）负责宣布抢险人员、事故现场周围居民疏散命令； （6）负责请求外部援助
支持部门	×××输配场站应抢险队伍	（1）听从应急抢险领导小组的指挥； （2）负责接警与通知； （3）负责实施生产紧急调配措施； （4）负责事故现场设备抢修和处理； （5）负责事故现场环境监测及气体浓度检测； （6）保证通信联络设备的畅通； （7）负责事故应急过程的安全评估与监护； （8）负责各类应急抢险物资设备的供给； （9）负责事故现场人员急救、伤员运送； （10）负责事故现场人员紧急疏散的组织； （11）负责事故现场的警戒和周围交通道路的疏导

C. 运作程序

a. 初级响应阶段

(a) ×××输配场站应急抢险领导小组人员接到站生产运行室事故汇报后，立即赶赴应急指挥中心，成立应急指挥中心领导小组，指导整个应急救援工作。

(b) ×××输配场站应急抢险队伍组成人员根据组长指挥，携带应急抢险工具及个体防护设备，按应急方案中的部署，各自开展应急救援行动。

(c) 事故发生单位根据事故现场具体情况，采取必要的应急措施，并立即对事故现场主要入口实施先期警戒，防止无关人员进入。

(d) 应急指挥中心领导小组根据事故现场提供的事故评估和监测情况，分析是否提高或降低应急响应的等级，以及是否向其他外部应急机构通报事故情况。

(e) 应急抢险过程中，事故现场与应急指挥中心领导小组始终保持通信联络，进行信息反馈。

(f) 站生产运行室在抢险过程中确保与其他外部应急机构的通信联络。

(g) 一旦紧急情况结束，应急抢险队伍按照恢复程序执行各自职责。

b. 扩大应急响应阶段

(a) 启动全站应急抢险救援组织。

(b) 当应急抢险人员无法控制事故现场险情时，应急指挥中心领导小组根据现场提供的事故评估和监测情况判断是否需要外部支援，并向其他外部应急组织发出支援请求。

(c) 根据事故评估与监测情况，由应急指挥中心领导小组组长下达现场抢险人员疏散命令，事故现场非必要人员按照疏散命令进行疏散撤离，同时负责发布紧急疏散公告以及周围居民紧急疏散命令。

(d) 当其他应急救援机构到达事故现场后，输配场站应急指挥中心领导小组与其他应急机构负责人员组成联合领导小组。

c. 恢复阶段

(a) 事故抢险完成后，由事故发生单位对整个事故现场的设备、生产流程等具体情况进行检查确认，由生产运行室负责对抢险完成的事故现场进行安全措施落实及评估。

(b) 应急指挥中心领导小组根据最终的事故现场评估与监测结果发布应急结束的指令，站生产运行室负责应急结束指令的传达通知。

(c) 根据恢复程序相关要求进行事故现场恢复。

②警报与紧急公告

A. 目的

通过事故性质、保护措施、注意事项、对健康的影响等相关内容的紧急公告，确保事故现场及周围人员的安全疏散、撤离。

B. 机构与职责（见表5-4）

警报与紧急公告机构与职责 表 5-4

负责部门	××输配场站应急抢险指挥中心	负责发布紧急公告的命令
支持部门	××输配场站生产运行室	(1) 通过电话对事故现场进行紧急公告内容发布； (2) 电话公告事故现场周围可能影响到的其他企业单位
	××输配场站综合管理室	(1) 接到公告命令后，对事故现场人员进行疏散公告； (2) 对于事故现场周居民密集地段，组织本单位人员利用宣传车进行广播公告
	事故发生单位	(1) 接到公告命令后，对于事故现场周围其他值班人员进行公告； (2) 负责对事故现场周围分散居住的居民，由熟悉地理环境的人员逐个进行通知公告

C. 工作程序

a. 初级响应阶段

(a) 应急指挥中心领导小组根据现场事故控制程度及发展变化情况决定是否进行紧急公告。

(b) 站生产运行室接到应急指挥中心领导小组紧急公告的命令后，通过站内通信系统发布公告内容。

(c) 当事故形势可能影响到站内其他人员时，站生产运行室根据指挥中心领导小组指令，通知事故发生单位对现场周围其他值班人员，发出紧急公告，告知紧急事故的有关信息（事故类别、危害、保护措施、疏散路线）。

(d) 维修班接到公告指令后，对事故现场抢险人员（包括现场指挥、警戒人员、抢险人员、其他应急协助人员）进行紧急公告。

b. 扩大应急响应阶段

(a) 当事故形势可能扩展到输配场站控制范围之外时，由应急指挥中心领导小组向第一采气厂汇报。

(b) 接到扩大紧急公告指令后，由生产运行室分别联系地方政府安全生产监督管理局、公安局，提出紧急公告的建议，并提出应急协助请求。

(c) 生产运行室通过电话向事故现场周围其他各单位进行紧急公告。

(d) 综合管理室对事故现场周居民密集地段，组织本单位人员利用宣传车进行移动广播公告。

(e) 事故发生单位对周围分散居住的居民，由熟悉地理环境的人员逐个进行通知公告。

c. 恢复阶段

应急指挥中心领导小组发布应急结束命令，站生产运行室对结束命令进行传达通知。紧急公告解除。

③通信

A. 目的

保证应急响应的有效开展，指挥现场的应急行动，及时地把现场的应急状况向外部通报，接受外部的应急指示以及向外部应急组织提出应急协助请求。

B. 机构与职责（见表 5-5）

通信的机构与职责 表 5-5

负责部门	综合管理室	(1) 负责全站应急通信设备的维护保养，保证站内电话、广播系统等其他通信设备在应急过程中的畅通完好； (2) 负责应急抢险过程中全站通信设施的抢修工作
支持部门	生产运行室	(1) 负责事故抢险现场与应急领导小组的通信联络； (2) 负责则与外部应急机构、其他单位部门的通信联络； (3) 负责全站卫星电话的管理与日常维护； (4) 负责应急过程中下游用户的信息反馈工作
	各基层单位	(1) 负责应急抢险过程中的信息反馈； (2) 负责应急抢险过程中通信设备的供应协助工作

C. 工作程序

a. 应急准备阶段

(a) 生产运行室根据事故现场应急人员可能数量，配备足够的对讲机及其他通信设备。

(b) 综合管理室负责抢险过程中所需对讲机以及其他通信设备的维护保养。

(c) 各基层单位明确不同场所、不同阶段所采用的通信方式。

b. 应急响应阶段

(a) 报警人员发现险情时，通过电话向站生产运行室报警，如果发生天然气泄漏险情，因为条件限制，在确保安全的前提下利用手机进行报警。

(b) 站生产运行室接到报警后，立即向站应急抢险领导小组进行汇报，并通知厂应急抢险队伍。

(c) 综合管理室负责向现场抢险指挥人员、其他现场抢险人员提供对讲机通信设备，其他基层单位负责通信设备供应协助工作。

(d) 现场应急指挥人员与现场抢险人员主要通过防爆对讲机保持联络。

(e) 现场应急指挥人员与应急抢险领导小组、站生产运行室以及外部机构主要通过站内电话或手机方式联络。

(f) 进行事故现场的紧急公告、启动和终止应急方案、疏散通知，主要通过防爆对讲系统和电话通知的方式进行公布，对事故现场附近的单位或人员主要通过电话、人员直接联络或宣传车广播等方式进行公告。

(g) 生产运行室负责对进入事故现场的外部应急机构人员的通信设备是否为防爆型进行确认。

c. 恢复阶段

(a) 综合管理室负责回收、清点事故抢险时提供的通信设备，对各基层单位抢险过程中协助提供的通信设备进行即时返还。

(b) 综合管理室对于事故中损坏不能修复的通信设备，负责重新购置、恢复配置。

通信联络方式包括：

a) 有线电话

有线电话主要是站内人员在向事故现场外应急组织成员、外部机构进行通信联络时使用。

b) 防爆对讲机

对讲机主要是现场应急人员与现场应急指挥人员通信联络时使用。

c) 防爆广播系统

防爆广播系统主要在输配场站的应急方案启动和终止、站内紧急公告、疏散通报时使用。

d) 手机

事故现场警戒范围以外应急人员之间或位于非防爆区内人员与厂应急抢险领导小组、站生产运行室人员联络使用。

④事态监测与评估

A. 目的

为应急抢险过程中的消防、抢险措施提供决策依据，为划分现场工作区域、保障现场应急人员安全、实施公众保护措施提供判断支持。

B. 机构与职责（见表 5-6）

事态监测与评估的机构与职责 **表 5-6**

负责部门	事故现场应急指挥人员	(1) 负责向现场应急指挥中心领导小组汇报事故现场发展变化及事态监测评估情况； (2) 根据现场的监测评估结果向现场应急抢险领导小组提出现场应急救援建议
支持部门	输配场站现场应急抢险领导小组	(1) 根据现场应急指挥人员提供的事故形势汇报和评估情况，确定事故抢险救援方案； (2) 根据事态监测及评估结果确定是否需要提升或降低应急响应等级
	生产运行室	(1) 根据现场监测结果对事故发展状况进行评估； (2) 负责向现场应急抢险指挥人员随时汇报事态评估结果
	各基层单位	负责协助事故现场的可燃气体浓度、硫化氢气体浓度实时监测工作

C. 工作程序

a. 应急准备阶段

(a) 各基层单位负责各自监测设备、检测仪器的维护管理。

(b) 综合管理室负责对检测仪器的购置及配备，并负责检测仪器的定期检验工作。

(c) 维修班负责事故现场监测布点方法的制定。

b. 初级响应阶段

(a) 输配场站应急抢险队伍到达事故现场后，维修班立即组织人员进行布点监测工作，对事故现场进行环境监测及气体浓度检测。

(b) 维修班人员根据规定的监测方向及位置进行可燃气体浓度及硫化氢气体浓度检测。

(c) 维修班根据事故现场的监测结果及气体检测数据确定警戒隔离范围，并确定事故现场风向、风速等基本环境情况。

(d) 事故现场警戒隔离范围确定后，基层单位协助人员对事故现场周围及警戒隔离区域进行实时监测，并按表 5-7 进行数据记录：

事故抢险现场检测数据记录表 **表 5-7**

事故现场位置	事故类型	事故部位

检测数据记录

序号	时间	可燃气体/%		硫化氢气体/ppm		监测点	风向
		检测仪器型号	检测数据	检测仪器型号	检测数据		
1							
2							
3							
4							
5							
6							
7							
8							
9							
10							

(e) 生产运行室根据现场监测结果对事故发展状况进行评估，并负责向现场应急抢险指挥人员随时汇报事态评估结果。

(f) 输配场站现场应急领导小组根据现场应急指挥人员的汇报情况，确定是否需要请求外部援助。

c. 扩大应急阶段

(a) 应急抢险领导小组向采气一厂汇报事故情况，并向外部应急机构请求援助，扩大应急抢险现场天然气泄漏监测的范围。

(b) 现场应急抢险领导小组根据事故现场的环境监测及数据检测结果，结合事故发展变化状况确定是否需要对现场周围的居民进行紧急疏散。

d. 恢复阶段

(a) 应急响应行动结束后，维修班继续对事故现场周围进行天然气、硫化氢浓度的检测，直到符合要求，再允许恢复人员进入现场。

（b）基层单位负责对检测仪器进行维护保养，恢复应急抢险状态。

（c）综合管理室负责对应急抢险过程中损坏的检测仪器进行购置分配和补充。

⑤警戒与治安

A. 目的

防止与救援无关人员进入事故现场，保障救援队伍、物资运输和人群疏散的交通畅通，避免发生不必要的伤亡。

B. 机构与职责（见表 5-8）

警戒与治安的机构与职责 **表 5-8**

负责部门	生产运行室	（1）总体负责建立事故警戒区域； （2）负责保证事故影响区域内正常治安秩序； （3）负责提供警戒使用的器材； （4）负责对警戒区域外围的交通路口实施管制、疏导，严格控制进出事故现场的人员，避免出现意外的人员伤亡或引起现场的混乱； （5）指挥警戒区域内人员的撤离、保障车辆的顺利通行，指引不熟悉地形和道路情况的应急车辆进入现场
支持部门	维修班	复责协助设立警戒区，并协助进行警戒区域管制
	事故发生单位	复责协助设立警戒区，并协助进行警戒区域管制

C. 工作程序

a. 初级响应阶段

（a）×××输配场站应急抢险队伍到达事故现场后，生产运行室立即组织人员根据环境监测确定的警戒隔离范围设置警戒区，并设专人警戒。

（b）维修班人员携带警戒隔离设施设立事故警戒区域。

（c）生产运行室指挥警戒区域内人员的撤离、保障车辆的顺利通行，指引不熟悉地形和道路情况的应急车辆进入现场，及时疏导交通堵塞现象。

（d）维修班负责对警戒区域外围的交通路口实施管制、疏导，严格控制进出事故现场的人员，避免出现意外的人员伤亡或引起现场的混乱。

（e）事故发生单位协助维修班进行警戒隔离，负责协助对事故影响区域的道路封锁及管制、疏导工作。

b. 扩大应急阶段

（a）生产运行室负责接到应急抢险领导小组命令后，扩大警戒范围。

（b）生产运行室负责引导外部支援机构的人员和车辆进入事故现场指定的安全区域。

（c）维修班负责地方公安部门对事故影响区域进行警戒隔离，并进行车辆管制及疏导。

（d）警戒人员根据疏散指令，与其他人员一起撤离。

c. 恢复阶段

撤除警戒设备，恢复交通。

⑥人群疏散

A. 目的

保护事故影响区域的人员生命安全，减少人员伤亡，将事故可能损失降到最低程度。

B. 机构与职责（见表 5-9）

人群疏散的机构与职责 **表 5-9**

负责部门	输配场站现场应急抢险领导小组	负责下达疏散命令
支持部门	应急抢险现场指挥人员	负责根据事故评估与监测状况，向现场应急抢险领导小组提供是否疏散的建议
	生产运行室	(1) 负责紧急疏散指令的传达通知； (2) 负责事故现场周围其他单位的紧急疏散
	维修班	(1) 负责事故现场应急抢险人员的紧急疏散； (2) 负责事故现场周围人员密集地段的紧急疏散工作
	事故发生单位	(1) 协助维修班组织人员疏散、撤离； (2) 负责事故现场周围分散居住人员的紧急疏散工作

C. 工作程序

a. 应急准备阶段

(a) 明确人员疏散的公告内容和方式。

公告内容：疏散人员、自我保护措施、疏散时间、路线、集结地点、注意事项等。

公告方式：电话、对讲系统、手机、人员直接告知等。

(b) 掌握生产场所周边人员分布情况和现场人员数量情况。

(c) 明确疏散路线并设置必要的疏散路线指示。

(d) 对值班人员进行应急疏散的演习。

(e) 对生产现场周边居民进行疏散知识宣传。

b. 应急响应阶段

(a) 接到事故报警后，站应急抢险队伍立即采取应急行动。各部门其他人员均需处于紧急待命状态。

(b) 根据事故现场监测与评估结果，由应×××输配场站现场应急抢险领导小组组长发布事故现场应急人员、附近其他值班人员疏散命令，生产运行室通过电话通信系统发布紧急疏散公告，维修班根据疏散命令组织人员紧急疏散、撤离。

(c) 事故现场所有人员接到疏散指令后，立即按疏散公告要求进行疏散、撤离。

(d) 疏散后人员会合在集合点，由维修班负责疏散人员数量核对，并向现场应急指挥人员报告人数核对结果，现场各部门单位负责协助疏散人员的数量核对。

(e) 现场应急指挥人员根据事故强度、爆发速度、持续时间、发展程度等因素确定事故是否可能危及现场周围其他人员，并向站应急抢险领导小组提出疏散建议。

(f) 根据站应急指挥中心应急抢险领导小组发布的公众疏散通告，由生产运行室负责通知事故现场周围其他单位紧急疏散，维修班负责事故现场周围人员密集地段的紧急疏散工作，事故发生单位负责事故现场周围分散居住人员的紧急疏散工作。

c. 恢复阶段

(a) ×××输配场站应急抢险领导小组根据事故监测评估结果，发布应急结束通告，值班人员返回各自岗位。

(b) 维修班负责引导事故周围其他人员返回住所或单位。

(c) 事故发生单位负责协助疏散人员的返回。

⑦医疗抢救

A. 目的

为伤员运送、医疗救治做好准备和安排，减少事故现场人员伤亡。

B. 机构与职责（见表 5-10）

医疗抢救的机构与职责 **表 5-10**

负责部门	综合管理室	(1) 负责组织事故现场受伤人员的紧急救治； (2) 负责将受伤人员送到医院进行治疗
支持部门	维修班	负责事故现场受伤人员的搜寻、营救
	事故发生单位	协助维修班对事故现场受伤人员进行搜寻、营救
	生产运行室	负责抢险人员急救知识的培训

C. 工作程序

a. 应急准备阶段

(a) 维修班负责事故现场应急药品和急救设施的供应（急救包、救生担架等）；

(b) 生产运行室负责全站应急抢险人员急救常识的培训。

b. 应急响应阶段

(a) 接到应急抢险通知后，维修班立刻准备药品和担架等抢救设施赶往事故现场；

(b) 维修班负责搜寻和营救现场受伤人员，将其转移出危险区域，事故发生单位负责配合受伤人员的搜寻和营救；

(c) 维修班配合对受伤人员进行紧急救治，综合管理室负责联系距离最近的医院，准备车辆运送伤员；

(d) 当事故进一步扩大，由应急抢险领导小组下达指令，综合管理室与相关医疗机构联系，请求医疗救护援助，并配合赶赴事故现场支援的外部医疗机构开展医疗救护工作。

c. 恢复阶段

(a) 综合管理室负责掌握伤员的伤势，并对伤员情况继续观察；

(b) 综合管理室负责药品及医疗设施的补充维护。

⑧应急人员安全

A. 目的

通过对应急抢险人员安全预防措施、个体防护设备以及现场安全检测监控因素的考虑，明确应急人员紧急撤离的条件和程序，保证应急人员免受事故伤害。

B. 机构与职责（见表 5-11）

应急人员安全的机构与职责 **表 5-11**

负责部门	事故现场应急指挥人员	(1) 根据现场事故评估结果，向应急抢险领导小组汇报事故发展状况； (2) 向应急抢险领导小组提出应急人员是否需要撤离的建议
支持部门	生产运行室	(1) 监察事故风险暴露情况，确定未来事故发展的可能性及其后果； (2) 对应急人员的安全防护措施进行检查； (3) 对应急人员的抢险过程进行监护； (4) 负责全站应急防护器材的配置补充
	维修班	现场监测周围环境及天然气、硫化氢等浓度是否危及应急人员安全
	综合管理室	负责向应急人员提供个体防护设备
	基层单位	(1) 负责应急人员个体防护设备的协助供应； (2) 负责本单位应急人员防护器材的使用培训

C. 工作程序

a. 应急准备

(a) 生产运行室根据全站可能出现的事故情况，对各单位的个体防护器材进行配备补充；

(b) 各基层单位定期对个体防护器材进行维护、保养，保证随时处于待用状态；

(c) 各基层单位负责安排本单位应急人员定期开展安全培训，确保应急人员熟练使用个体防护用品，掌握防护器材的使用条件和性能知识。

b. 应急响应

(a) 接到报警后，应急抢险队伍组成人员立即赶往现场，综合管理室负责应急抢险人员防护器材的供应；

(b) 应急抢险人员到位后，必须在应急抢险领导小组下达命令后，才能进入事故现场；

(c) 应急抢险人员在进入事故现场之前，由生产运行室负责对所有防护器材进行确认检查，并对佩戴情况进行确认；

(d) 应急抢险人员根据应急抢险时间，及时更换个体防护用具，生产运行室负责现场安全监护；

(e) 维修班负责整个抢险过程中现场周围环境及天然气、硫化氢浓度的实时监测；

(f) 生产运行室负责对事故风险暴露情况进行监视，确定未来事故发展的可能性及其后果，并及时向事故现场应急指挥人员汇报；

(g) 事故现场应急指挥人员根据提供的事故现场监测与评估结果，向应急抢险领导小组提出应急人员是否需要撤离的建议；

(h) 现场应急抢险领导小组负责事故现场抢险人员疏散撤离命令的下达，在根据现场情况决定请求外部应急机构援助时，同时通知其配备相应的个体防护设施。

⑨消防及抢险

A. 目的

对事故现场进行火灾扑救、事故点抢修、重要物资转移以及其他方面的抢险救援。

B. 机构与职责（见表5-12）

消防及抢险的机构与职责　　表5-12

负责部门	维修班	（1）负责应急抢险设备及应急物资的准备与供应工作； （2）负责应急抢险过程中的事故点抢修、重要物资转移工作； （3）负责事故现场火灾的消防抢险； （4）负责事故现场受伤人员的搜寻和营救工作
支持部门	输配场站现场应急抢险领导小组	负责消防抢险命令的发布
	事故现场应急指挥人员	负责事故现场消防抢险方案制定及现场指挥工作
	生产运行室	负责协助事故现场消防抢险方案的制定

C. 工作程序

a. 应急准备阶段

（a）综合管理室负责全站消防器材的配备、检查，保证消防设施随时处于备用状态；

（b）生产运行室负责组织人员熟悉天然气等危险品的危险特性，掌握相应的消防灭火方式；

（c）生产运行室负责相关人员消防抢险训练演习的定期开展；

（d）维修班负责应急抢险设备及物资的维护保养。

b. 应急响应阶段

（a）接到事故抢险通知后，应急抢险队伍人员立即赶往事故现场；

（b）维修班接到应急抢险命令后，抢险人员穿戴个人防护器材，配备抢险设备进入事故区抢险；

（c）维修班接到应急抢险命令后，立即对事故现场火灾进行扑救控制；

（d）事故现场应急指挥人员根据事故现场初步评估结果，确定消防抢险和受伤人员营救方案，维修班根据方案组织人员对伤员进行搜寻营救；

（e）生产运行室对现场应急抢险方案提供技术支持；

（f）事故现场应急指挥人员随时与应急抢险领导小组保持联系，进行现场抢险信息沟通；

（g）当事故危险无法控制，可能造成应急人员伤亡时，由应急抢险领导小组下达紧急撤离指令。

c. 恢复阶段

（a）维修班负责进行现场清理和恢复，并对应急物资设备进行补充恢复；

（b）综合管理室负责对消防抢险器材、设施进行补充恢复。

⑩泄漏物控制

A. 目的

防止泄漏物对周边区域的威胁和污染，保障现场人员生命安全，防止事故影响扩大。

B. 机构与职责（见表5-13）

泄漏物控制的机构与职责 表 5-13

负责部门	维修班	对事故现场危险品泄漏进行抢险封堵
支持部门	事故现场应急指挥人员	负责制定危险品泄漏控制方案，进行现场应急指挥
	事故发生单位	协助维修班进行危险品泄漏应急处理
	生产运行室	负责协助制定危险品泄漏控制方案
	综合管理室	负责受伤人员搜寻营救

C. 工作程序

a. 应急准备阶段

(a) 维修班负责提供泄漏封堵设备及工具；

(b) 各基层单位负责加强对易发生泄漏部位的检查、维护。

b. 应急响应阶段

(a) 应急抢险人员到达现场后，维修班负责对所需设备及工具进行检查确认；

(b) 现场应急指挥人员根据事故现场监测与评估情况，确定堵漏方案，生产运行室对堵漏方案提供技术支持；

(c) 维修班对现场中毒人员进行搜救，并转移出危险区；

(d) 维修班抢修人员穿戴个体防护设备和配备堵漏设备进入事故区抢险堵漏，事故发生单位负责协助泄漏点的封堵抢险；

(e) 事故现场应急指挥人员随时与抢险人员保持联系，掌握事故现场的情况，当个体防护设备使用时间不足时，及时调整力量，组织轮换；

(f) 在可能发生突变情况时，现场应急指挥人员果断做出转移撤离的决定，避免抢险人员受伤。

c. 恢复阶段

(a) 维修班负责对事故场所残存的泄漏物进行处理，防止发生再次污染；

(b) 事故发生单位负责对所有受污染的设备、设施进行清洗、消毒。

⑪现场恢复

A. 目的

对事故现场进行及时维修处理，促使设备设施正常运作。

B. 机构与职责（见表 5-14）

现场恢复的机构与职责 表 5-14

负责部门	××输配场站应急指挥中心领导小组	负责下达应急结束，进行现场恢复的指令
支持部门	事故现场应急指挥人员	(1) 负责向应急指挥中心领导小组提出现场恢复的建议； (2) 负责组织事故处理、人员伤亡和财产损失统计等工作
	维修班	负责对事故现场进行清理
	事故发生单位	(1) 负责协助事故现场清理工作； (2) 负责协助事故处理、人员伤亡和财产损失统计等工作
	生产运行室	负责组织事故调查分析工作

C. 工作程序

a. 应急指挥中心领导小组根据事故现场评估与监测情况，下达应急结束和现场恢复的命令；

b. 外部应急救援人员撤离事故现场；

c. 维修班对事故现场隔离区域继续进行警戒，严禁无关人员入内，继续监测事故现场的天然气、硫化氢等泄漏物的浓度情况；

d. 维修班组织人员进入事故现场，清理破坏的设备设施，对被污染的设备设施进行清洗消毒，对已损坏物品、设备进行临时存放；

e. 事故发生单位负责协助现场的清理恢复工作；

f. 生产运行室负责组织相关部门及单位对事故展开调查。

(7) 应急保障

1) 通信和信息

场站事故主要应急救援建立主要通信方式和应急通信方式，应急通信手段包括卫星通信和内部光纤通信，特殊位置和地域建立调频短波通信联系方式，确保应急状态下通信信息的畅通。

2) 应急资源

①应急资源管理要求

A. 各应急部门应根据应急方案要求，定期检查落实本部门应急人员、设施、设备、物资等应急资源的准备情况，识别额外的应急资源需求，及时进行补充，保持所有应急资源的可用状态。

B. 各类应急人员要定期进行应急培训，掌握必要的应急知识，以具备应急情况下应对事故的能力。

C. 应急用设备、设施、物资不得被占用、挪用、破坏。

②内部应急资源

A. 应急物资

××输配场站拥有三级应急库1个，应急库由专人管理维护，所备物资以应急防护器材、应急消防器材和应急抢险工具为主。应急库物资明细表见附件1。

B. 应急队伍

××输配场站应急抢险队伍由各基层单位应急抢险分队组成。

C. 消防设施、设备

消防水系统：设有独立的消火栓给水系统。

D. 个人防护设备

输配场站配备的个体防护设备包括自给式空气呼吸器、紧急供氧装置、半面罩、全面罩、滤毒盒等，全站配有空气呼吸器8套。

E. 检测报警设备

输配场站关键生产场点设有天然气泄漏检测报警仪，并配有便携式检测仪10台。

③外部资源

站外部可以利用的应急资源主要有：

A. 输配场站内部企业应急资源，主要有：消防队、维修抢险大队应急资源等。

B. 场站范围内政府应急资源，主要有：各市、县消防中队、医院、公安等力量。

(8) 附件

附件 1　输配场站应急物资库设置一览表（表 5-15）。

附件 2　企业应急联系表（表 5-16）。

附件 3　场站范围内卫生所、医院联系表（表 5-17）。

附件 4　场站范围政府部门联系表（表 5-18）。

附件 5　上游供气站联系表（表 5-19）。

附件 1　输配场站应急物资库设置一览表　　表 5-15

序号	名　称	规　格	单位	数量
1	空气呼吸器	—	套	5
2	防爆双头梅花扳手	12 件	套	1
3	防爆管钳	600mm	把	1
4	防爆管钳	450mm	把	1
5	防爆重型套筒扳手	26 件	套	1
6	强光泛光应急灯	FW6100GF	只	2
7	复式防尘防毒面罩	半面罩	具	5
8	防噪音耳塞、耳罩	—	套	20
9	安全帽（红色）	—	个	10
10	现场抢救供氧装置	TUBULARFRAME	套	1
11	推车式干粉灭火器	MF-35	具	2
12	手提式干粉灭火器	MFZ/ABC4	具	6
13	手提式干粉灭火器	MF-8	具	3
14	防爆对讲机（GP328）	便携式 MOTOROLA	部	4
15	急救包		个	2
16	手提式防爆手电		只	4
17	便携式气体检测仪	EP2001	台	2
18	H_2S 气体检测仪	XA-913H	台	1
19	特大号男式风雨衣	132 * 126cm	件	5
20	防爆撬杠	30 * 500cm	把	1
21	防爆直柄单头梅花扳手	6 件套	套	1
22	防爆弯柄单头梅花扳手	6 件套	套	1
23	防爆榔头	5P	把	1
24	防爆榔头	3P	把	1
25	防火服		套	2
26	防爆起子		把	6
27	防爆活动扳手	ϕ18×150～ϕ55×4506 件套	套	1
28	防爆开口扳手	9 件套	套	1
29	防爆钳子		把	1
30	铁锹		把	6
31	盒式护栏带		盒	1
32	发电机		台	1
33	消防毛毡		卷	4
34	测爆仪	XP-3140	台	1
35	测爆仪	XP-302M-A	台	1
36	消防斧		把	2

附件 2 企业应急联系表 表 5-16

单 位	管理人	联系电话

附件 3 场站范围内卫生所、医院联系表 表 5-17

序号	抢险现场距最近地方	医院名称	医院地址	电 话

附件 4 场站范围政府部门联系表 表 5-18

××市单位	姓 名	职 务	联系电话
××安全局		值班电话	
××公安局		值班电话	

附件 5 上游供气站联系表 表 5-19

上游供应站	姓 名	职 务	联系电话
		值班电话	
		值班电话	

2. 输配场站突然停电应急作业预案

(1) 事故现象：输配场站突然停电。

(2) 可能出现的危险：紧急切断阀自动关闭，管道超压、爆裂，发生火灾、爆炸，人员伤害，财产损失等。

(3) 关键控制点：站区所有设备、仪表、阀门、管线等。

(4) 工具材料准备及安全防护设施配置：防爆扳手、防静电工作服、工作鞋、手套，检漏仪一部、对讲机两部等。

(5) 主要人员：站长、技术员、维修工、操作工及根据抢险作业预案应到场所有人员。

(6) 应急措施及抢险流程：

1) 应首先给电工打电话，让其查明停电原因。若是电路问题应立即修复，如不能立即（10min 内）修复，应马上将紧急切断阀气源切换成氮气瓶供应或事故液氮气化供应，并派人到现场监护。

2) 若是供电局的问题，应问明停电原因及修复时间，如不能立即供电，做法同上。

(7) 安全注意事项：

1) 现场监护人员，要随时与值班室沟通，发现异常情况，立即采取应急措施并告知值班室。

2）一旦停电，全体行动，分工合作，采取正确果断的措施。

3）晚上停电，要在保证自身安全的情况下，做好应急处理工作。

4）定期对应急灯进行检查、维修，保证处于良好状态；每天充电，保证应急灯油充足的电量。

（8）作业记录、总结：

1）认真记录作业情况。

2）如出现问题应及时详细地分析总结。

5.5 输配场站消防安全管理及FGS在燃气行业的要求和应用

1. 场站消防安全管理准则

（1）场站安全管理总则

1）为了加强消防安全管理，预防和减少火灾危害，根据《消防安全管理暂行办法》，结合本单位实际制定本准则。

2）消防工作实行“预防为主，防消结合”的方针，坚持“谁主管，谁负责”的原则。

3）本准则适用于燃气企业。

（2）消防安全责任

1）天然气场站消防工作由厂HSE（防火）委员会领导，每季度召开一次消防安全例会，分析场站的消防安全工作，研究部署消防安全管理工作，解决存在的问题。各单位HSE（防火）领导小组应坚持“党政同责”、“一岗双责”管理要求，每月分析、研究一次本单位的消防安全工作，组织开展消防宣传、培训、检查和隐患治理工作。

2）企业消防大队为场站消防安全工作的归口管理部门其职责是：

①应全面掌握全厂消防工作动态，收集消防安全管理工作信息。定期向厂HSE（防火）委员会报告消防工作，提交有关消防工作的建议和实施方案。依照厂HSE（防火）委员会的决议，部署、协调落实消防安全工作，对全厂消防工作实施监督管理。

②贯彻落实国家现行消防法律法规和公司消防安全管理规定，结合天然气生产特性，制定厂消防安全管理制度、规程。

③定期开展生产现场火险隐患及消防设施的管理情况进行监督检查，督促落实火险隐患的整改，确保消防设施完好。

④参与新、改、扩建工程消防设计审查并提出意见，督促落实消防“三同时”制度，参加新、改、扩建工程竣工验收。

⑤会同相关职能部门，审查一、二级工业动火的消防安全措施。

⑥负责全厂消防器材设施配置计划的审核、审批；组织消防器材设施的维护与修理、标校和检（审），监督、掌握全厂各类消防设施器材的使用情况，推广先进经验和技术。

⑦参与火灾事故的调查处理，会同有关部门核实火灾事故损失，按规定上（通）报有关情况。

⑧督促建立、健全消防重点单（部）位《消防档案》。

⑨负责企业所属专职消防队伍的业务管理。

3）企业项目组为新建项目消防配套工程建设部门其职责是：

①落实消防建设“三同时”，按时完成消防建审手续的办理。

②负责监督落实新（改、扩）建项目、工程消防设施器材质量，按设计要求落实配置。

③负责新（改、扩）建项目、工程的消防设计、施工、投产环节的审查，组织消防竣工验收。

4）场站（基层）为消防安全管理具体实施单位其职责是：

①贯彻执行消防法规，保障单位消防安全符合规定，掌握本单位的消防安全情况；制定年度消防工作计划，组织实施日常消防安全管理工作。

②组织防火检查，开展消防安全评估，督促落实火险隐患整改，及时对存在的消防安全问题进行处理。

③制定适应本单位的火灾应急救援预案，建立应急组织和应急队伍，落实应急器材物资的配置管理。

④按规定配置消防设施和器材，设置消防安全标志，定期检查、维护消防器材设施并做好记录，保证器材性能可靠、完整好用。

⑤负责对员工进行消防知识、技能的宣传教育和培训。

⑥掌握消防设施器材使用动态和技术性能，及时处理使用中存在的问题；负责配置到岗点消防设施器材的质量把关，做好消防设施器材的初步报废鉴定和汇总上报，并组织回收上交。

5）企业所属专职消防队伍应参照《企业事业单位专职消防队组织条例》、《公安消防部队执勤条令》等要求，实行专业化管理，配备相应的专业技术人员。专职消防队应履行下列消防救援职责：

①承担本单位及责任区单位的火灾扑救工作。

②参加以抢救人员生命为主的危险化学品泄漏、道路交通事故、地震及次生灾害、建筑坍塌、重大安全事故、爆炸及恐怖事件和员工遇险事件的救援工作；参与配合自然灾害、重大环境污染事故和突发公共事件的应急救援工作。

③配合场站做好动火、特殊作业过程中的消防现场监护工作。

④熟悉责任区消防水源、道路、生产装置、工艺流程和消防重点（单）部位基本情况。

⑤保证消防人员执勤率，确保消防车辆、器材装备、通信设施等随时处于应急战备状态。

⑥制定责任区消防安全重点单位灭火预案，定期组织演练。

⑦对责任区内各单位志愿消防队训练进行技术指导。

6）场站应组建由岗位员工全部参与的志愿消防队。志愿消防队的职责是：

①学习宣传消防法规，定期参加消防训练，参加实地消防演练。

②协助本单位落实消防安全制度，进行经常性的防火检查。

③熟悉本岗位的火灾危险性，明确危险点和控制点，维护本单位消防设施和消防器材，熟练掌握灭火器材的使用方法。

④扑救初起火灾，协助专职消防队扑救火灾。

7）当地公安消防确定的消防重点单（部）位，应当履行下列消防安全职责：

①制定消防安全制度、消防安全操作规程。

②确定岗位消防安全责任人。

③针对本单位的特点对员工进行消防安全宣传教育。

④结合岗位职责，落实防火巡检，做好巡检记录，及时消除火灾隐患。

⑤建立志愿消防队，定期组织训练。

⑥按照国家有关规定配置消防设施和器材、设置消防安全标志，并定期组织检验、维修，确保消防设施和器材完好、有效。

⑦保障疏散通道、安全出口的畅通，并设置符合国家规定的消防安全疏散标志。

⑧制定灭火和应急疏散预案，定期组织消防演练。

⑨公安消防审定的四级以上消防重点单（部）位，按要求建立《消防档案》，设置防火标志，确定火灾危险源（点），实行严格管理。

（3）消防设施器材与装备管理

1）消防设施装备器材，指各类消防车辆，消防泵、固定、半固定消防设施，火灾自动报警，移动灭火装置，灭火药剂，灭火器，消防锹、斧、镐、消防毛毡，消防员个人装备，个人防护消防器材，专用灭火抢险工具、器械、设备等灭火抢险救灾的设施装备器材和相应的备品、配件。

2）购置配备的消防装备、器材、物资必须是获得公安部消防产品合格评定中心审定发布的合格产品，并具有国家级消防产品质检中心全性能委托检验报告（国家固定灭火系统和耐火构件质量监督检验中心检验报告、国家消防电子产品质量监督检验中心检验报告、国家消防装备质量监督检验中心检验报告、国家防火建材质量监督检验中心检验报告）。

3）物资采办站负责消防设施器材及备品、配件的采购，并监管人厂产品质量，并联系厂家提供相关售后服务，做好废旧消防设施器材的日常管理。

4）消防器材配备、采购、维修执行《中国石油长庆油田分公司消防安全管理暂行办法》，由消防部门实施监督管理。新购置的消防设施器材（含配件）验收要达到“资料齐全、质量可靠、数据准确、手续完备”方可入库。

5）各基层单位根据生产性质、规模，火灾危险性特点以及危险级别的基准，配备齐全相应种类、数量的灭火器和其他简易消防器材；配置的消防设施器材类型、规格、数量、保护面积及设置位置，应符合《建筑灭火器配置设计规范》GB 50140—2005 和《第一采气厂应急物资管理细则》相关的消防设计规范、标准。

6）按照“谁管理、谁负责”的原则，基层单位要建立《消防设施器材管理档案》，实行定岗、定人、定期检查、挂牌管理，确保消防器材和设施完好。

7）灭火器现场配置质量与检查要求：

①符合市场准入的规定，并应有出厂合格证和相关证书。

②铭牌、生产日期等标识应齐全。

③类型、规格、数量应符合购置计划要求。

④筒体应无明显缺陷和机械损伤；保险装置应完好、压力应显示正常，喷射软管不得龟裂、老化（影响使用）、喷嘴不得堵塞；称重符合要求，灭火器不应过期。

⑤对生产区域的灭火器每半月检查不少于一次，办公、生活等场所每月检查不少于

一次。

⑥灭火器维修与报废具体执行参照《灭火器维修》GA 95—2015。

8）灭火器现场配置管理要求：

①净化厂、集气站灭火器的设置应在最大保护距离（灭火器配置场所内，设置点到最不利点的直线行走距离）之内，对有视线障碍的灭火器设置点，应设置指示其位置的发光标志。

②每个设置点灭火器的摆放数量不少于2具，不多于5具，灭火器的摆放应稳固，铭牌朝外。

③现场配置的灭火器应摆放整齐，采取防雨、防晒等保护措施。

9）消火栓（包含室内、室外地上、地下以及消防水鹤）、消防炮日常检查应符合下列要求：

①每月对消火栓、消防炮检查一次，做好相应的记录。

②消火栓的开启阀、余水排泄阀等不得出现跑、冒、滴、漏现象，闷盖不得损坏，接口不得有异物污染。

③地下消火栓，每年10月底以前，应做好冬防保温工作。

④消火栓、消防炮的周围，禁放各种杂物，在距其1m内不准有建筑物或堆放其他物资。

⑤严禁在非火灾情况下使用消火栓、消防炮。

⑥消火栓旁应设器材箱，箱内应配备2～6盘直径65mm、每盘长度20m的带快速接口水带和2支接口直径65mm、喷嘴直径19mm水枪及一把消防栓扳手。器材箱距消火栓不宜大于5m。

10）设有消防泵的单位，消防泵房内应配有消防系统工艺流程图，确保应急状况下，满足应急启泵要求，每班次对消防泵盘车（泵）450°；每周至少对消防泵、泡沫泵启动运转一次并有相应记录，阀门三个月活动一次，丝杠涂润滑油保护。

11）火灾自动报警系统应投用正常，并定期检查做好记录。

12）固定、半固定灭火系统的设计、安装，应执行国家现行规范和标准，并配备相应的专用配套器材。

13）固定、半固定消防系统，因故障停止运行的，应采取切实可行的临时性保障措施，立即组织修复，并及时报告生产运行科和消防大队（×××应急救援中心）；因工艺变更、检修需停止运行的，应以书面形式，报告生产运行科和消防大队（×××应急救援中心）。

14）安装、充装、维修消防设施器材和对自动、固定消防系统进行检测、调试、维修、换药，应当由具有合法资格的单位承担。禁止无资质单位或个人安装、调试、维修消防设施。

15）专职消防队的各类消防车辆，消防员个人装备，防护器材，专用灭火抢险工具、器械、设备等灭火抢险救灾设施装备器材的日常管理检查，做到“日查、周检、月保养”并遵照《长庆油田公司专职消防队四项管理标准》要求执行。

（4）火灾预防

1）消防安全工作实行防火责任制，按照规范和设计标准配备相应种类、数量的灭火器具。

2）计划、工程项目管理部门在工程建设时应将消防配套设施纳入建设总体规划，与其他建设项目做到统一规划、同步建设，对消防隐患治理项目所需资金纳入年度预算。

3）企业文化科、人事（组织）科应将消防安全分别纳入宣传和教育培训计划。企业文化科每年至少进行一次消防安全宣传，利用橱窗、网络等媒体向员工宣传消防法律法规。人事（组织）科组织员工培训应涵盖消防知识和技能内容。对于新入厂及转岗员工的三级教育培训，应当有消防法规和消防安全知识的内容。

4）进行电焊、气焊等具有火灾危险作业的人员和自动消防系统的操作人员，必须持证上岗，并遵守消防安全操作规程。

5）禁止在有火灾、爆炸危险场所使用明火，在需要明火作业时，必须按照《长庆油田分公司动火作业安全管理办法》办理动火作业计划书，做到措施、监护、检测三到位，杜绝一切违章动火。

6）举办焰火、灯会、集会、联欢等大型群众性活动时，组织单位在地点选择、亭棚搭建、电器照明、明火使用以及消防设施的配备等方面应符合消防安全要求。

7）进入油气场所，必须穿防静电工作服，使用防爆工具。油气生产的场所要实行封闭式管理。禁止携带火种和无关人员、车辆入内。

8）工业动火监护由消防大队根据动火级别、工艺流程、动火部位介质危险程度、动火现场施工条件等因素，确定需要监护消防车辆的种类和数量、消防器材和防范措施，并按需调派车辆执行消防监护任务。

（5）消防管理

1）场站所属各单位（部门）按其职责范围，对消防工作实行分级管理，纳入厂 HSE 体系进行绩效考核，实行奖惩兑现制度。

2）为确保消防资金的投入，单位消防支出要列入年度预算。

3）消防基础设施建设和产能建设工程，必须与单位和产能建设相配套，做到统一规划，同步发展。

4）单位消防基础设施建设和装备、器材，应满足国家及有关的行业标准规范和科技进步的要求，积极采用和推广成熟的消防新技术、新产品。

5）企业专职消防队应配备满足火灾扑救和以抢救人员生命为主的危险化学品泄漏、道路交通事故、地震及次生灾害、建筑坍塌、重大安全事故、爆炸及恐怖事件和员工遇险事件的救援工作以及配合自然灾害、重大环境污染事故和突发公共事件应急救援必要的破拆、切割、扩张、照明、通信、防毒等灭火、抢险的装备器材和检测仪器。

6）新、改、扩建工程，由工程项目组填写《建筑设计防火审核申报表》及相关图表资料，所辖地公安消防机构进行建筑设计防火审核。

7）工程竣工后，工程项目组应及时填写《建筑工程消防验收申报表》主动向所辖地公安消防机构申报消防验收，未经验收或未通过验收的工程，不得投入使用。

8）公安消防对消防检查中发现的火险隐患应及时填发《防火检查整改通知单》，限期整改。隐患存在单位应积极配合，及时整改火灾隐患，并将整改情况按时反馈消防大队备查。

9）消防安全监督部门发现随时有可能发生火灾危险的部位和场所，有权责令有关单位和个人立即整改，在紧急情况下，有权责令将危险部位停产、停业。

（6）火灾管理

1）发现火灾的任何单位和个人应迅速向消防大队报警（火灾报警电话119；公司电话：×××），报警时讲清起火地点、部位、燃烧物质，同时报告生产运行科（电话×××），任何单位和个人应为报警人员提供方便。

2）发生火灾的单位应迅速启动火灾应急预案，进行火灾扑救和人员疏散，避免造成不必要的人员伤亡。

3）消防队接到报警后要迅速赶赴火场，救助遇险人员，排除险情，扑灭火灾。消防车辆在前往火场途中，所有车辆和人员应予避让，必要时可以通过当地公安交管部门实行交通管制。

4）火灾现场应迅速成立火场指挥部。火场总指挥根据灭火的需要，有权决定下列事项：

①使用各种水源。

②截断电源、气源，限制用火用电。

③划分警戒区，实行局部交通管制。

④使用临时建筑物和设施。

⑤为防止火灾蔓延，拆除或破坏毗邻火场的建筑物、构筑物。

⑥调动全公司一切车辆、人员及其他设施。

⑦决定是否启动区域消防联动增援。

5）参加扑救火灾的单位和人员，必须服从火场指挥部的统一指挥。火场总指挥依法采取紧急处置措施时，任何单位或个人不得拒绝、阻拦和拖延，应当无条件执行。

6）火灾发生后，火灾单位人员，相邻单位及附近居民必须服从消防人员或治安、交通管制人员的指挥，维护火场秩序。

7）专职消防队要建立严格的执勤制度，实行昼夜执勤制度，加强节假日执勤。对延误火灾扑救造成严重后果的，要追究其责任。

8）专职消防队必须按照编制配齐人员、装备，认真落实执勤战备。对灭火抢险及消防工作成绩突出的集体和个人应当予以奖励。

9）任何单位和个人不得阻碍消防人员对辖区基本情况的了解和在消防重点（单）部位的演练。

10）起火单位应当保护现场，接受事故调查，如实提供火灾情况。

11）对因参加扑救火灾负伤、致残或者死亡的人员，按照国家有关规定给予医疗、抚恤。

2. FGS在燃气行业的应用和要求

随着燃气行业的快速发展，其生产活动中的装置越来越大，生产操作也越来越复杂，对生产的安全性要求更高，火灾、可燃及有毒气体检测系统（FGS）作为一种安全动态管理工具，对于预防和减轻火灾和可燃气体泄漏风险、减少危险事故发生具有重要意义；在健康、安全、环保理念深入人心的形势下，燃气企业必须重视安全、环保管理，重视火灾、可燃气体的检测，将事故掐灭在萌芽状态，确保运行区和工作人员的安全。为了完成这一目标，许多燃气企业配置了 FGS 系统。

（1）FGS 火灾及可燃气体检测系统设计功能要求

FGS 检测系统具有如下功能：实现在线动态的连续检测，检测可燃气体、火焰等，早日发现安全隐患。检测系统数据传消防中心连接到自动和手动灭火系统，能及时扑灭火源。设置声光报警信号，能通过声音和颜色报警使工作人员了解发生的危险等级。能传送相关仪表设备报警信号和 I/O 状态信号到装置中控室的 DCS 操作站上显示和报警，并提供事件顺序记录报告。

FGS 检测系统的设计要求是：1）FGS 独立于 DCS、SIS 和其他子系统单独设置。本项目 FGS 系统要求要达到 IECSIL3/TUVAK6 认证，重要设备（如控制器输入输出卡件）应能在线更换。2）FGS 系统要求具有自诊断功能，不仅可以对系统本身的故障进行诊断和报警，还应具有信号电路检测功能，可以对现场设备的开路/短路进行实时报警控制。3）FGS 系统要求具有 24 小时不间断冗余电源供给能力，可以保证系统在事故情况下的可靠供电。

（2）项目 FGS 系统设计原则及全厂 FGS 系统设计构架介绍

本项目为全厂新建项目，以生产装置为单位，独立设置 FGS 系统，共 11 套。

各系统设两条通信网络及接口，一条通过以太网连接到中心控制室的工程师站（进行组态及维护）、全厂消防控制中心的主监视系统（FGS）并连接自动灭火系统。另一条连接到各自相关装置的 DCS 系统控制站。

在中心控制室内设置专用的 DCS 操作站用于 FGS 系统的显示、报警。

FGS 系统分为工艺生产装置 FGS 系统和建筑物所使用的可寻址的 FGS 系统。工艺生产装置 FGS 系统由自控专业设计实施，建筑物所使用的可寻址的 FGS 系统，由电信专业设计实施。

工艺生产装置 FGS 系统是现场的火灾检测仪表和可燃、有毒气体检测仪表等连接到设在现场机柜间内的 FGS 机柜内，经过逻辑运算，通过以太网一条连接到中心控制室的工程师站（进行组态及维护）、全厂消防控制中心的主监视系统（FGS）并连接自动灭火系统，便于其在第一时间内采取恰当消防措施。另一条连接到各自相关装置的 DCS 系统控制站。

建筑物所用的 FGS 系统是火灾检测仪表（如感烟探测器、感温探测器、火焰探测器和手动报警按钮等）通过模块箱（或直接）与火灾报警控制盘连接，这些信号经火灾报警控制盘处理后，一方面直接进行火灾声光报警和相应建筑物消防联动，一方面输出到全厂消防控制中心的主监视系统 FGS 系统，实现全厂火灾和气体检测的集成。

（3）FGS 系统中仪表设计

1）火灾检测仪表设计

火灾检测仪表应满足《火灾自动报警系统设计规范》GB 50116—2013 的规定，规范要求：在火灾初期，产生大量的烟和少量的热，基本没有火焰辐射的场所使用感烟探测器。对产生大量烟和热以及火焰辐射的场所，将感温探测器、感烟探测器和火焰探测器组合起来使用。对于火灾一旦产生，发展速度快，且产生大量的火焰辐射、少量烟和热的场所选用火焰探测器。对于有特殊要求的场所，采用红外光束感烟探测器。另外，因工作环境温度的上升可能引发火灾的场合，采用感温探测器。总而言之，火灾检测仪表的选型应结合现场生产环境以及火灾危险区域的实际情况来确定。

2）可燃气体检测仪表设计

可燃气体检测仪表的选型应满足《石油化工可燃气体和有毒气体检测报警设计规范》GB 50493—2009 中的有关规定。在生产或是有可燃、有毒气体的装置中分别设置可燃气体检测器和有毒气体检测器；气体密度大于 0.97kg/m³；（标准状态下）的即认为比空气重；气体密度小于 0.97kg/m³（标准状态下）即认为比空气轻。检测比空气轻的气体，其安装高度宜高出释放源 0.5～2m，检测比空气重的气体，其安装高度应距地坪（或楼地板）0.3～0.6m。

当可燃气体和有毒气体发生泄漏时，其浓度达到 25%LEL 时，采用一级报警；浓度达到 50%LEL，采用二级报警。同一级别报警中，有毒气体的报警优先。

当需要连锁保护时，应采用一级报警和二级报警结合方式。

3）仪表布置形式

火灾探测器和可燃气体探测器的设置数量和布置形式应根据有关规定来确定。

点型火灾探测器布置时，应在保护区域内的每个房间中至少设置一个火灾探测器，一只探测区域内所需设置的探测器数量，不应小于下式的计算值：

$$N=S/(KA)$$

式中 N 表示探测器数量；

S 表示探测区域面积，m²；

A 表示探测器的保护面积，m²；

K 表示修正系数。

线型火灾探测器布置时，当探测区域为储存易燃易爆物料的封闭或半封闭仓库时，应采用红外光束感烟探测器，探测器的光束轴线与顶棚的垂直距离应在 0.3～1.0m 之间，距离地面则不宜超过 20m，两个相邻的探测器水平间距应≤14m，探测器的发射器与接收器之间的距离应在 100m 以内。

气体检测器位于释放源的全年最小频率风向的上风侧时，可燃气检测点与释放源的距离不宜大于 15m，有毒气体检测点与释放源距离不宜大于 2m。

气体检测器位于释放源的全年最小频率风向的下风侧时，可燃气检测点与释放源的距离不宜大于 5m，有毒气体检测点与释放源距离不宜大于 1m。

(4) 报警系统设计

每个建筑物、泵房、压缩机厂房、装置，分区域设置若干个就地危险报警灯和喇叭与 FGS 系统相连，当系统判断有危险时，报警灯和喇叭会发出报警，以告知该区域相关人员存在火灾、可燃气体或有毒气体泄漏，有助于快速处理紧急突发事故和减少事故危害。

设置火灾声光报警系统和可燃、有毒气体检测报警，使相关工作人员第一时间了解到火灾信息，并立即启动相应的火灾应急处理预案，最大限度降低火灾损失。

在装置的每一个区域和建筑的通道处设置手动报警按钮，巡视人员在现场巡视时发现火灾风险能及时报警。

FGS 检测系统将火灾检测与气体检测结合起来，实现火灾危险和可燃气体报警系统的集成化。通过检测系统的集成化设计，将 FGS 与 DCS、SIS、消防中心连接起来，实现网络连接，构建出一个防火、灭火的消防安全系统，火灾发生初期，各个系统在第一时间做出响应，立即启动应急处理预案，将火灾事故损失降到最低，保障职工的生命安全。统筹全局、完善配置、协调各方关系的总体集成化设计对于优化 FGS 检测系统具有重要意义，为企业的安全管理提供新的思路。

5.6 输配场站安全前置管理

输配场站安全前置管理就是场站的工艺危险和可操作分析（HAZOP 分析），从工艺、设备设施上达本质安全，具体如下：

1. 概述

工艺流程的危险和操作分析（HAZOP）就是指使用引导词对工艺设计进行系统性的分析，以识别可能发生的对设计意图的偏差以及导致的后果，同时识别已有的防范措施并对未受到控制的危害提出建议的过程。

HAZOP 可以在项目的各个阶段进行，通常可以在基础设计，详细设计，开车前，工艺变更等阶段性节点后进行，其详细程度是不尽相同的。

HAZOP 是在详细设计后针对详细设计的资料而进行的。下面介绍 HAZOP 工作的方法和步骤。

2. HAZOP 引导词

HAZOP 中使用的引导词举例如表 5-20 所示。

HAZOP 引导词举例 **表 5-20**

偏　差	引导词	参数（性质词）
无流量/流量低	无/低	流量
流量高	高	流量
错流	其他	流量
压力低	低	压力
压力高	高	压力
液位低	低	液位
液位高	高	液位
温度低	低	温度
温度高	高	温度
仪表	其他	仪表/控制
卸压	其他	卸压
污染	其他	组分
化学品的性质	其他	化学品性质

续表

偏　差	引导词	参数（性质词）
引燃	其他	引燃
辅助系统故障	其他	辅助系统
非正常操作	其他	操作
取样	其他	取样
腐蚀/冲蚀	其他	腐蚀/冲蚀
维护	其他	维护
其他	其他	其他

3. HAZOP研究目的

采用上述引导词，对PID进行HAZOP研究，达到下列目的：

(1) 识别出工艺中导致不安全运行的领域。

(2) 识别出可能会影响设备运行可用性的特征。

(3) 识别出可能影响设备可用性的维护问题。

(4) 确定识别出的问题后果的严重性。

(5) 评估现有工程和程序上的安全措施是否足够；以及如果必要，推荐使用其他的安全措施或操作程序。

(6) 提供一种正式的、透明的、可供有关当局审查的记录。

(7) 提供了一种正式的方法，通过这种方法可以在内部解决识别出的安全问题它可以是被实施的，这种方法或者被实行，或者被提出明确理由而被否决。

(8) 为今后的工艺变更后的安全评价提供基础。

(9) 为今后的操作程序的编写提供输入方法描述。

4. HAZOP进行的方式和步骤

(1) HAZOP进行的方式

HAZOP以讨论会的方式进行。乙方提供会议室、投影仪和HAZOP记录表格。

(2) HAZOP的实施步骤

1) 工艺包方提供需要进行HAZOP研究的P&ID图，及相关文件，包括但不限于设计基础，详细设计文件，操作手册等。

2) 举行讨论会。

3) 进行讨论会记录。

4) 提交报告初稿。

5) 对报告初稿提出建议。

6) 提交最终报告。工艺包方将按终稿进行PID修改。

5. HAZOP参与人员

HAZOP团队是一个多领域的专家团队，通常包括6～10名人员，由甲方和工艺包方组成，他们是工艺、设备、仪表/电气、安全、操作人员、维修人员等方面的专业人士。

6. HAZOP 报告

HAZOP 报告主要包括工艺描述，HAZOP 方法介绍，HAZOP 结果分析。HAZOP 现场讨论的记录会作为附件成为报告的一部分。

典型的现场记录报告会记录：系统；子系统；参考文件；会议日期和时间；分析结果包括偏差；原因；后果；已有的安全措施；建议；建议执行人。